I0041167

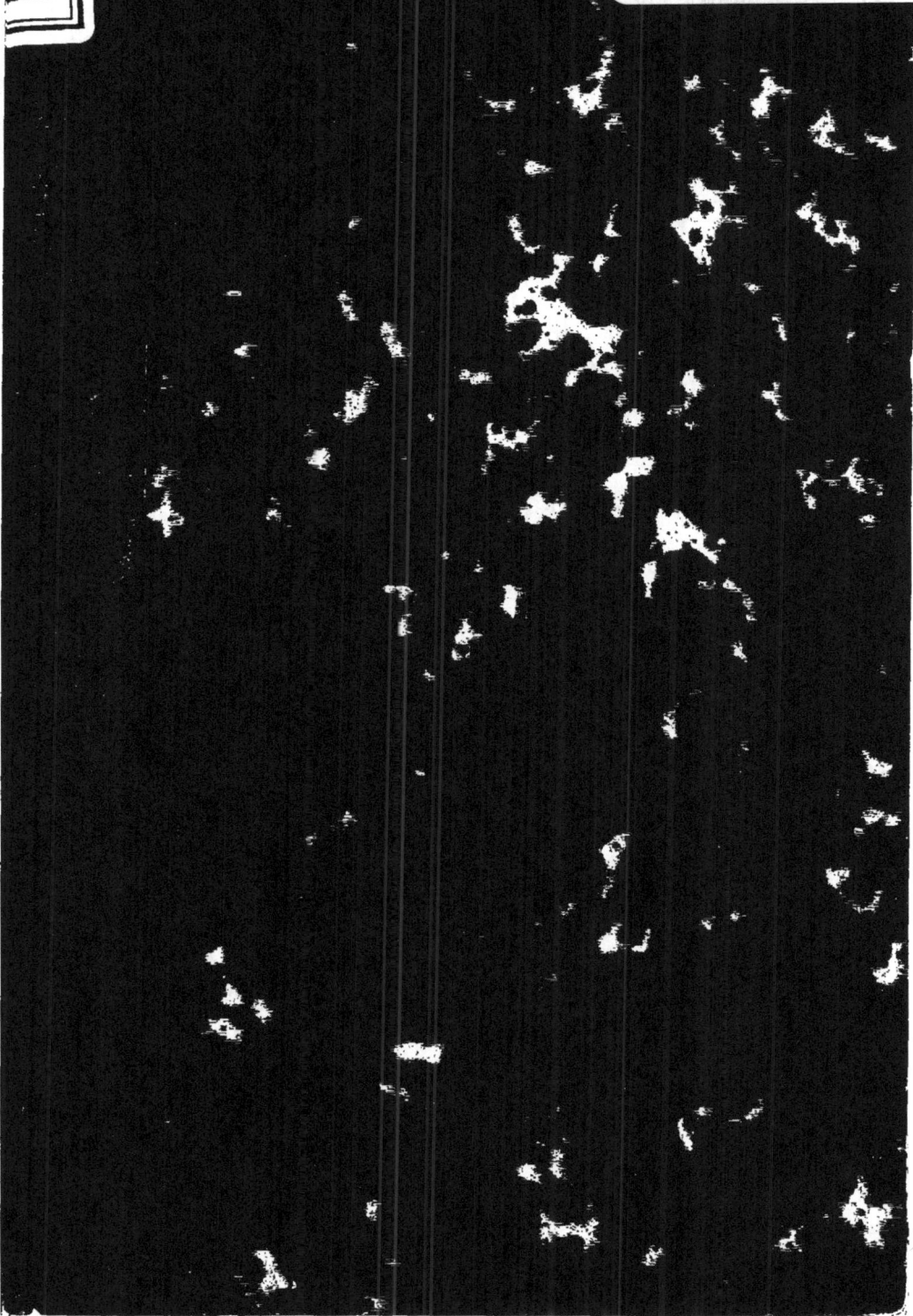

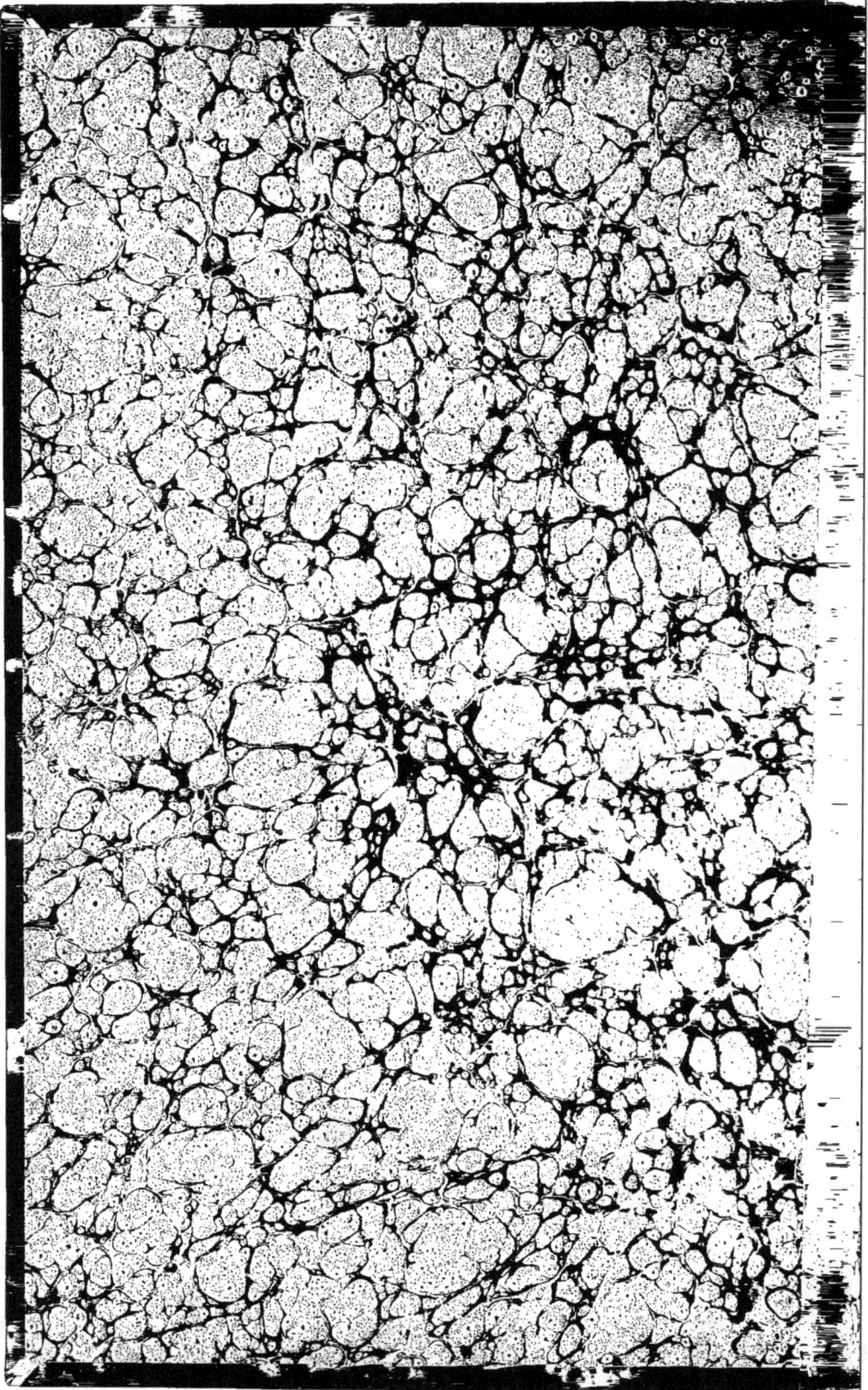

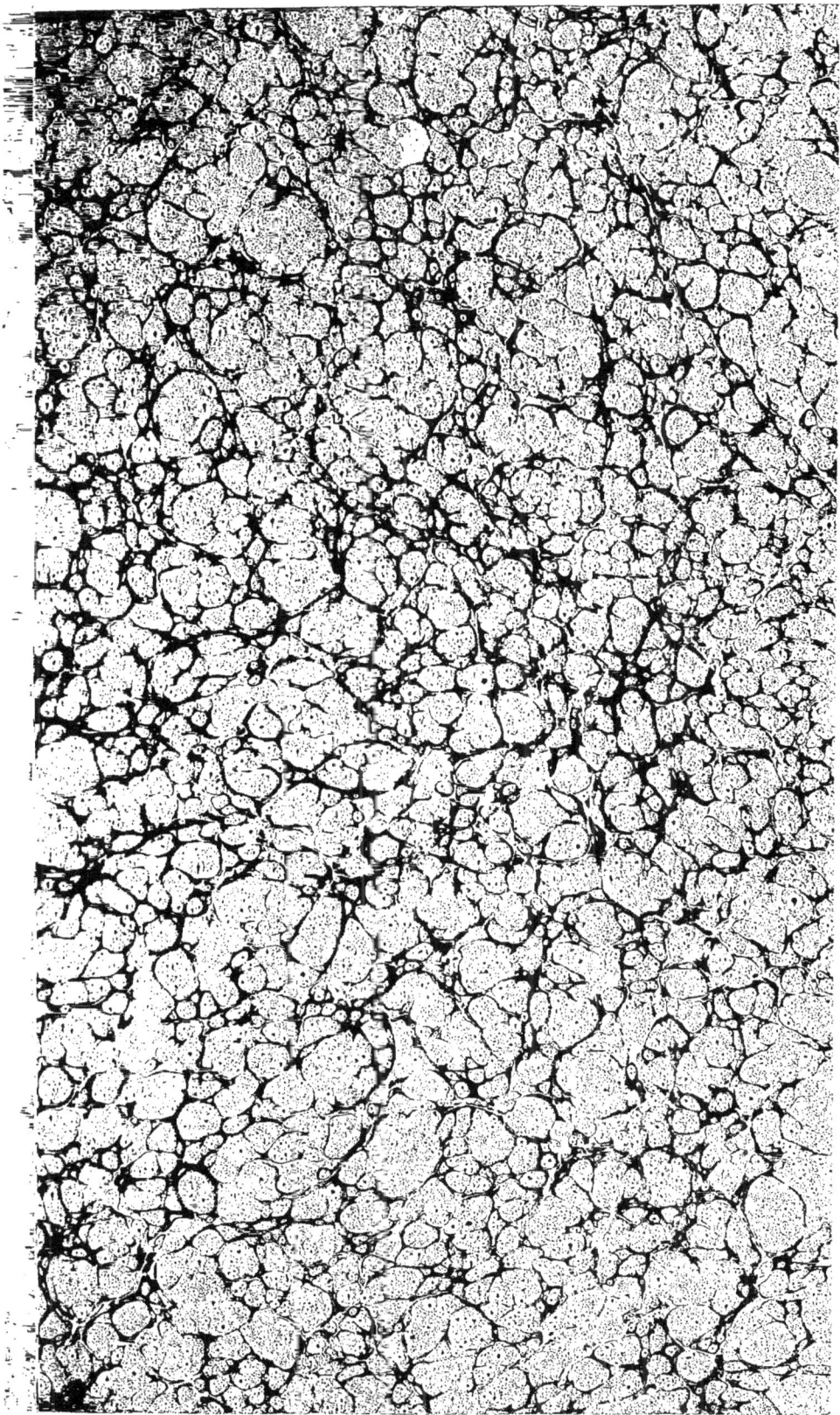

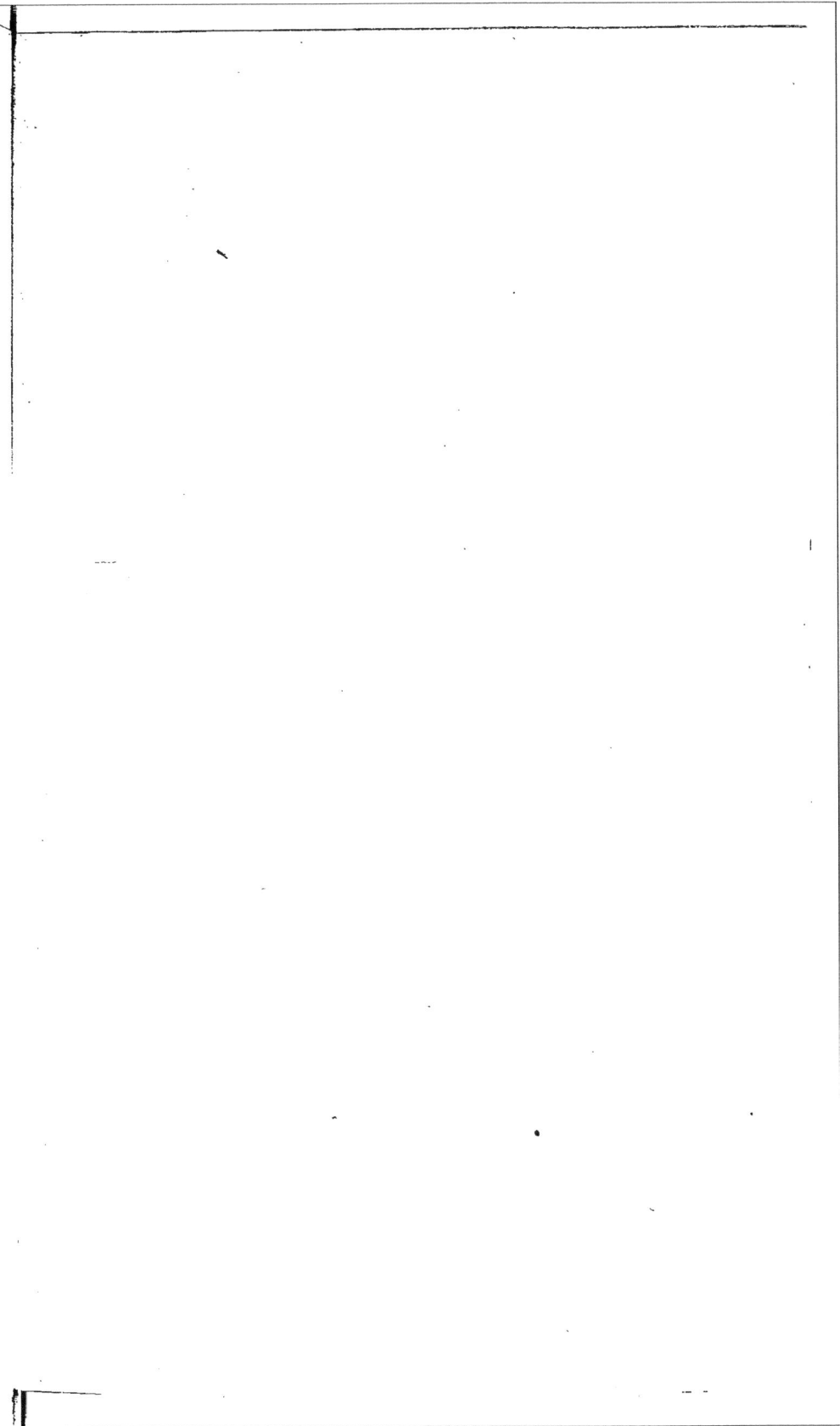

3064

ARITHMÉTIQUE

DE

L'ENFANCE.

Par E. B. C.....

Ire ÉDITION.

A BORDEAUX,

CHEZ LAVIGNE JEUNE, IMPRIMEUR DU ROI ET DE S. A. R. Mgr. LE
DAUPHIN, RUE PORTE-DIJEAUX, N.º 7.

1828.

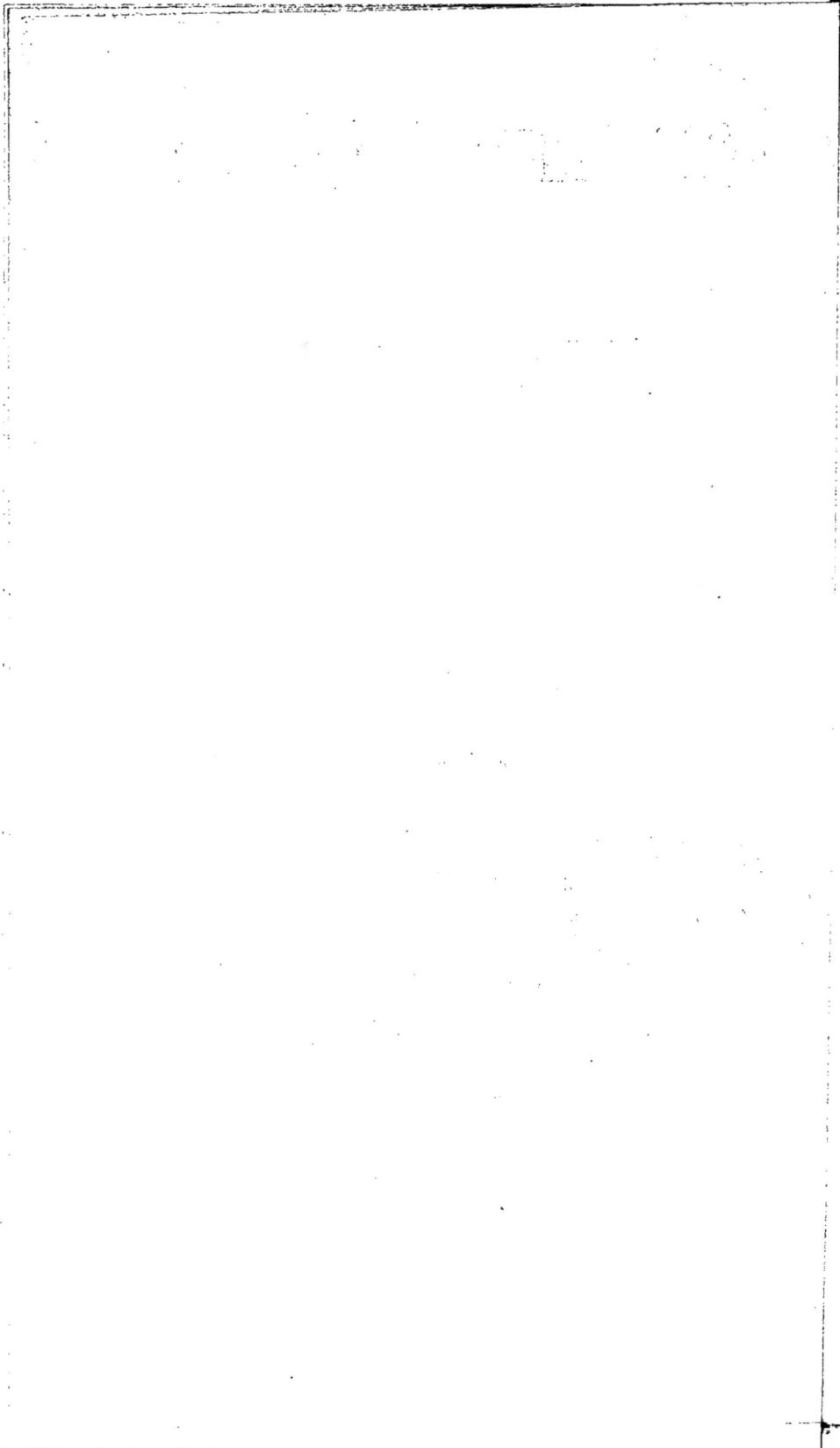

PRÉFACE.

ENTRAINÉ par un penchant invincible et secret à instruire la jeunesse, j'ai senti plus d'une fois le besoin d'un Ouvrage élémentaire qui préparât sans efforts les voies de l'entendement dans le bas âge (1), et fît goûter en même temps de bonne heure l'esprit du calcul; j'ai été d'ailleurs informé souvent par des pères de famille de tout l'embarras qu'ils éprouvent à seconder l'intelligence précoce d'un enfant, comme dans l'emploi utile qu'ils désireraient faire d'un temps qui leur semble précieux, et qui est presque toujours négligé ou consumé en frivolités. C'est pour remplir toutes ces intentions que j'ai composé le Traité intitulé : Arithmétique de l'Enfance, rapproché, autant qu'il m'a été possible, de la marche d'invention ; par ce moyen, en considérant mon élève comme mon collaborateur, je recherche avec lui les préceptes déduits d'une saine théorie et à portée toutefois de son intelligence. Je l'ai dégagé de même de toutes ces définitions régies par une métaphysique abstraite qu'il ne saurait entendre, parce qu'il me suffit qu'il ait la conscience d'une chose qu'il conçoit, plutôt que de définir une chose qu'il ne peut concevoir. Ce n'est certainement pas en commençant une science qu'on apprend à la bien sentir ; et je ne suis que trop convaincu que l'esprit a besoin d'exercice, et que l'on verra d'autant mieux, que l'on aura vu davantage ou de plus loin. Je n'ai donc dû conserver que des définitions extrêmement simples et devenues indispensables pour éviter des circonlocutions.

---

(1) Je veux parler de l'âge de huit à quinze ans.

Enfin, cet Ouvrage a le double avantage qu'il remplit, d'un côté, les intervalles d'une oisiveté dangereuse, et que, de l'autre, en accoutumant l'enfant à raisonner de bonne heure, il lui devient ensuite facile de se livrer volontiers à l'étude, et d'étendre et de perfectionner un peu plus tard les connaissances qu'il a acquises, et que j'ai cru devoir resserrer dans un cadre étroit et proportionné à ses facultés intuitives. De cette manière, le mécanisme des opérations (que j'ai appliquées et bornées seulement aux nombres entiers et décimaux pour une faible conception) ne sera plus machinal, et il sera, au contraire, raisonné. Ce ne sera pas le grand nombre d'exemples dont on a coutume de fatiguer la jeunesse à l'aide d'une aveugle routine, qui rappellera les règles en faisant faire à l'unique mémoire tous les frais d'une répétition fastidieuse; c'est au raisonnement seul, c'est-à-dire à son jugement, que l'élève en devra le souvenir; il portera sans cesse dans son esprit le flambeau du calcul qui n'aura besoin que de quelqu'exercice pour en rendre faciles l'habitude et l'usage.

Les professeurs ou les pères de famille n'auront donc plus qu'à multiplier les exemples qui n'offriront pas aux élèves la moindre difficulté; car cet Ouvrage, ou plutôt cet Opuscule, est écrit autant dans l'intérêt des premiers que des derniers, et peut devenir le manuel de tous. On doit n'y voir, au surplus, qu'un premier pas fait vers la science du calcul, l'on peut dire même une préparation pour l'intelligence dans les théories qu'elle renferme, et dont une élaboration suivie formera le jugement en même temps qu'elle conduira aux applications qu'elles supposent, et qui, alors, seront fondées sur un solide raisonnement. Il ne reste plus qu'à consulter l'expérience pour la confirmation de ces avantages.

DE

L'ARITHMÉTIQUE

DE L'ENFANCE.

1. Dans un opuscule de la nature de celui-ci, et spécialement destiné à l'instruction des élèves d'un âge tendre, nous nous abstiendrons de définitions qui, presque toujours, empruntent des considérations métaphysiques, à moins qu'elles ne soient amenées par la nécessité : mais alors ce qui devra être défini aura déjà été connu, et l'élève en aura au moins acquis le sentiment. Nous ne définirons pas même l'Arithmétique qui formera l'ensemble des connaissances que nous nous proposons de développer, et dont on aura une bien plus juste idée quand on en aura saisi l'esprit et le but vers lequel elle doit tendre.

Ce faible essai, que l'on pourrait aussi bien qualifier d'*Arithmétique dans l'Enfance*, suppose que l'enfant a les premières notions des choses les plus usuelles, et il s'agit ici de parler à sa raison en la dirigeant vers l'esprit du calcul, dont le mécanisme lui deviendra familier aussitôt qu'il sera en possession des premières

opérations de l'Arithmétique que nous verrons se ré-
duire à deux principales.

2. Qu'un enfant saisisse, par exemple, un caillou,
il aura presqu'aussitôt l'idée d'un caillou, et d'un seul
caillou. Il peut donc aussi se former l'idée de *un* (en
laissant de côté la dénomination de caillou).

Qu'il prenne un second caillou, il se formera aussi
bien l'idée de deux cailloux comme d'un seul ; de sorte
qu'en laissant à part la dénomination de caillou, il
aura très-bien l'idée de *deux*.

Il pourra être tenté de réunir aux deux cailloux
précédens un autre caillou, ce qui lui donnera le sentiment de trois cailloux ou de *trois* seulement, et rien
ne l'empêchera de continuer de même jusqu'à ce qu'il
soit parvenu à posséder autant de cailloux que la nature lui a donnée de doigts ; car nous ne devons pas
oublier que c'est le moyen naturel qui nous est ré-
servé pour suppléer à tous les autres. Ainsi, il comp-
tera donc tout naturellement comme ses doigts : *un*,
deux, *trois*, *quatre*, *cinq*, *six*, *sept*, *huit*, *neuf*, *dix*,
et il s'arrêtera nécessairement à ce terme, où la na-
ture semble l'abandonner. S'il veut aller plus loin, il
lui faudra créer de nouvelles dénominations, mais sa
mémoire ne pourra plus y suffire, la première no-
menclature à laquelle il veut bien se soumettre lui
ayant déjà paru un peu longue. Il donnera alors à
ces dix qualifications des signes représentatifs qu'il
désignera même sous le nom de *nombres simples*.

Ainsi ,

Un sera exprimé par 1.

Deux	—	par 2.
Trois	—	par 3
Quatre	—	par 4.
Cinq	—	par 5.
Six	—	par 6.
Sept	—	par 7.
Huit	—	par 8.
Neuf	—	par 9.
Dix	—	par X.

Ce dernier caractère n'est que provisoire , et pour représenter instantanément le nombre *dix ;* il va bientôt disparaître. Et si l'on joint à chacun de ces nombres la qualification de caillou , ils pourront se nommer *nombres qualifiés ou concrets,* tandis que dans le cas précédent ils prendront le nom d'*abstraits.* Nous ne manquerons pas de faire observer ici que cette qualification que peut prendre le nombre porte à son égard le nom d'*unité.* Ainsi , par exemple , si l'on a huit caillous , *huit* est le nombre , et le *caillou* est l'unité ; d'où il est visible que le nombre est toujours la collection de plusieurs unités et l'exprime , considéré même dans son état d'abstraction.

3. Avant d'aller plus loin , il peut encore essayer de composer chacun de ces nombres à l'aide des précédens ; ainsi, par exemple , il peut concevoir le nombre 3 , formé de 1 , ajouté à 1 , ajouté à 1 , ou ,

ce qui est la même chose, de 1 ajouté à 2 , puisque ce dernier nombre est l'équivalent de 1 ajouté à 1 ; de même le nombre 4 pourra être conçu comme 1 ajouté à 1 , ajouté à 1 , ajouté à 1 , ou 1 ajouté à 3 , qui est l'équivalent de 1 ajouté à 1 et à 1 , et ainsi du reste. Par ce moyen il aura , sans s'en douter, une première notion de l'opération que l'on nomme addition ; et quoiqu'elle soit restreinte aux nombres qui composaient le tableau précédent, elle n'en sera pas moins fort utile dans la suite pour des nombres plus grands ou plus composés , et pour tous les nombres possibles.

Cessons maintenant de faire parler seul l'enfant , et identifions nous avec lui.

4. Si , au nombre *dix* déjà formé , nous ajoutons , en recommençant par ordre , les nombres du tableau précédent , nous composerons un second tableau avec de nouveaux noms , comme suit :

Dix plus un , ou X plus 1 , ou encore le nombre dix et un , ou *onze.*
Dix plus deux , ou X plus 2 , ou encore le nombre dix et deux , ou *douze.*
Dix plus trois , ou X plus 3 , ou encore le nombre dix et trois , ou *treize.*
Dix plus quatre , ou X plus 4 , ou encore le nombre dix et quatre , *quatorze.*
Dix plus cinq , ou X plus 5 , ou encore le nombre dix et cinq , ou *quinze.*
Dix plus six , ou X plus 6 , ou encore le nombre dix et six , ou *seize.*
Dix plus sept , ou X plus 7 , ou encore le nombre dix-sept , *dix-sept.*
Dix plus huit , ou X plus 8 , ou encore le nombre *dix-huit.*
Dix plus neuf , ou X plus 9 , ou encore le nombre *dix-neuf.*
Dix plus dix , ou X plus X , ou encore deux dix , ou *vingt.*

Ce dernier nombre est l'équivalent de 2 fois dix ; mais pour éviter ici d'introduire de nouveaux carac-

tères qui, en surchargeant la mémoire, rendraient
extrêmement pénible et laborieuse cette numération
ou la formation de tous ces nombres, nous ne supposerons plus de caractère particulier au nombre dix,
pour le représenter, mais nous en concevrons un autre tel que celui-ci o, que nous nommerons *zéro* ; il
n'aura aucune valeur par lui-même, ou sera, si l'on
veut, le symbole du néant ; mais il sera, comme nous
allons le voir, un instrument ingénieux propre à faire
prendre aux nombres simples ou absolus des valeurs
dépendantes des places que ce zéro leur fera occuper.

Ainsi, le nombre *dix* deviendra un nombre composé et disparaîtra du premier tableau, dont les dix
caractères qui nous serviront désormais à la composition des nombres, seront les suivans :

Zéro   ou   0.
Un   ou   1.
Deux   ou   2.
Trois   ou   3.
Quatre   ou   4.
Cinq   ou   5.
Six   ou   6.
Sept   ou   7.
Huit   ou   8.
Neuf   ou   9.

C'est dans leur combinaison que consiste tout l'art
que l'on appelle *la numération.* On aperçoit même,

dors et déjà , que dans son principe cette numération est *parlée* ou *écrite* , et que celle-ci n'est qu'un abréviation de la première : c'est ce qui est confirmé de plus en plus par ce qui suit.

5. Nous formerions de la même manière , et en ajoutant les mêmes nombres du premier tableau à deux fois dix ou *vingt* , un troisième tableau qui serait :

Deux-dix , ou Vingt plus un , ou le nombre   *vingt et un*.
Vingt plus deux , ou le nombre   *vingt-deux.*
Vingt plus trois , ou le nombre   *vingt-trois.*
Vingt plus quatre , ou le nombre *vingt-quatre.*
Vingt plus cinq , ou le nombre *vingt-cinq.*
Vingt plus six , ou le nombre   *vingt-six.*
Vingt plus sept , ou le nombre *vingt-sept.*
Vingt plus huit , ou le nombre   *vingt-huit.*
Vingt plus neuf , ou le nombre *vingt-neuf.*
Vingt plus dix , ou le nombre trois-dix, ou *trente*.

6. En continuant ainsi , il est facile d'apercevoir que nous pourrions composer neuf tableaux consécutifs et terminés successivement par dix , deux-dix ou vingt , trois-dix ou trente , quatre-dix ou quarante , cinq-dix ou cinquante , six-dix ou soixante, sept-dix ou septante (1), huit-dix ou huitante, neuf-dix ou nonante ; de sorte qu'il n'y aurait plus qu'à ajouter à chacune de ces dénominations tous les nombres

_____

(1) L'usage a introduit les dénominations de *soixante-dix*, *quatre-vingt et quatre-vingt-dix* , au lieu de septante , huitante et nonante.

simples , et on aurait, en les y comprenant , tous les nombres depuis *un* jusqu'à dix fois dix , ou dix-dix, ou *cent*.

7. Arrêtons-nous là d'abord, et tâchons d'écrire, avec les caractères convenus que l'on nomme aussi *chiffres*, tous ces nombres que nous énoncerions avec une grande facilité.

Or , au lieu de représenter par un chiffre unique le premier *dix* que l'on appelle aussi *dixaine*, nous conviendrons de faire suivre le chiffre 1 du chiffre 0, placé à sa droite , de sorte qu'on écrira dix ou la première dixaine ainsi , 10 ; et en changeant zéro dans les nombres 1, 2, 3, 4, 5, 6, 7, 8, 9, le second tableau des nombres sera transformé en (1)

11, c'est-à-dire , onze.

12 ou............ douze.

13 ou............ treize.

14 ou............ quatorze.

15 ou............ quinze.

16 ou............ seize.

---

(1) On aurait pu écrire ces nombres d'une manière détachée comme il suit :

10 et 1 ou 10 / 1 } onze.	10 et 5 ou 10 / 5 } quinze.	10 et 8 ou 10 / 8 } dix-huit.
10 et 2 ou 10 / 2 } douze.	10 et 6 ou 10 / 6 } seize.	10 et 9 ou 10 / 9 } dix-neuf.
10 et 3 ou 10 / 3 } treize.	10 et 7 ou 10 / 7 } dix-sept.	
10 et 4 ou 10 / 4 } quatorze.		

Cette manière d'écrire , en faisant ressortir la composition de ces nom-

17 ou............. dix-sept.

18 ou............. dix-huit.

19 ou............. dix-neuf.

Et comme *vingt* ou deux dixaines doit être exprimé,
d'après ce qui a été dit, pour dix ou une dixaine,
par 2 suivi de 0 à sa droite, on aura 20 ou *vingt*.

Si maintenant on met à la place de 0, dans ce dernier nombre, les nombres simples 1, 2, 3, 4, 5,
etc., jusqu'à 9, on construira un nouveau tableau
semblable au précédent, et lequel sera terminé par
3 dixaines ou 30, d'après ce qui a été dit pour les
nombres 10 et 20.

8. En continuant ainsi la suite de ces tableaux et
leur formation, on parviendra bientôt au dixième qui
sera terminé par un nombre égal à dix-dixaines, que
l'on nommera *cent*, et que l'on écrira 100. Il résulte
donc de là que dix-dixaines composeront un nouvel
ordre de nombres que l'on nommera *cent* ou *centaine*,
qui devront se composer encore comme les nombres
simples ou les dixaines, c'est-à-dire jusqu'à dix, ce
qui donnera lieu encore à dix nouveaux tableaux de
la composition desquels nous allons nous occuper.

9. Il nous suffira du premier pour concevoir tous
les autres. Pour cela, nous remplaçerons le zéro qui

bres, peut présenter quelques avantages, non pas pour ce traité, mais,
dans la suite, lorsque, par des connaissances plus étendues, on aura
des applications à en faire à quelques théories sur les nombres.

termine le nombre 100, successivement par les nombres simples 1, 2, 3, 4, 5, etc., c'est-à-dire, ceux
du premier des tableaux précédens ; de là, les nouveaux nombres composés (1).

101 ou cent un.	106 ou cent six.
102 ou cent deux.	107 ou cent sept.
103 ou cent trois.	108 ou cent huit.
104 ou cent quatre.	109 ou cent neuf.
105 ou cent cinq.	

Et comme les nombres suivans, d'après le second tableau, admettent deux chiffres dans leur composition,
ils remplaceront naturellement les deux zéros qui
terminent le nombre 100, et le tableau ci-dessus se
continuera ainsi :

---

(1) Remarquons encore que ces nombres ne sont autres que les suivans, et que l'on peut continuer ainsi :

$\frac{100}{1}$ } 101 ou cent un.	$\frac{100}{8}$ } 108 cent huit.	$\frac{100}{15}$ } 115 cent quinze.
$\frac{100}{2}$ } 102 cent deux.	$\frac{100}{9}$ } 109 cent neuf.	$\frac{100}{16}$ } 116 cent seize.
$\frac{100}{3}$ } 103 cent trois.	$\frac{100}{10}$ } 110 cent dix.	$\frac{100}{17}$ } 117 cent dix-sept.
$\frac{100}{4}$ } 104 cent quatre.	$\frac{100}{11}$ } 111 cent onze.	$\frac{100}{18}$ } 118 cent dix-huit.
$\frac{100}{5}$ } 105 cent cinq.	$\frac{100}{12}$ } 112 cent douze.	$\frac{100}{19}$ } 119 cent dix-neuf.
$\frac{100}{6}$ } 106 cent six.	$\frac{100}{13}$ } 113 cent treize.	$\frac{100}{20}$ } 120 cent vingt.
$\frac{100}{7}$ } 107 cent sept.	$\frac{100}{14}$ } 114 cent quatorze.	etc., etc.

La remarque précédente peut s'étendre à un nombre quelconque,
suivi d'autant de zéros que l'on voudra : de sorte que, réciproquement,
un nombre quelconque pourra se décomposer en deux autres, dont
l'un sera suivi d'un certain nombre de zéros, et l'autre sera formé du
détachement des caractères qui remplaçaient les zéros dans le nombre
primitif.

110 ou cent dix.	116 ou cent seize.
111 ou cent onze.	117 ou cent dix-sept.
112 ou cent douze.	118 ou cent dix-huit.
113 ou cent treize.	119 ou cent dix-neuf.
114 ou cent quatorze.	120 ou cent vingt.
115 ou cent quinze.	etc., etc.,

et ainsi de suite, jusqu'au nombre deux cent ou deux centaines, que l'on exprimera d'après la convention adoptée par 2 suivi de deux zéros ou par 200. Ce dernier nombre étant traité comme le nombre 100, on continuera la suite du même tableau successivement, et de la même manière, jusqu'à ce que nous soyons parvenus à un nombre égal à dix cent ou dix fois cent, et que l'on est convenu de nommer *mille* en terminant le tableau formé. Voilà donc un nouvel ordre de nombres composés qui va commencer; et en y appliquant les mêmes conventions et les mêmes considérations, nous exprimerons d'abord ce dernier nombre par 1 suivi de trois zéros, ce qui s'écrira ainsi : 1000; puis insérant, en remplacement du premier zéro à droite tous les nombres simples, des deux premiers zéros tous les nombres composés de deux chiffres, et des trois premiers zéros ou des trois zéros qui terminent le nombre 1000, tous les nombres composés de trois chiffres, nous arriverons à une série de nombres qui s'énonceront en commençant tous par le nombre mille, et se terminant successi-

vement par tous les nombres que nous avons précédemment formés. Le dernier de ces nombres sera
donc, d'après ce qui a été convenu, le nombre 2
suivi de trois zéros ou 2,000 ; mais en appliquant à
ce dernier nombre ce qui a été dit pour le nombre
1000, et épuisant la suite des nombres composés
jusqu'à dix fois mille, nous obtiendrons un nouvel
ordre de nombres que nous désignerons par dix mille
ou une dixaine de mille, et que nous représenterons
en vertu de la même convention, par 10000, c'est-
à-dire, par 1 suivi de quatre zéros. Donc, en substituant par ordre, en place du premier zéro, tous
les nombres simples, en place des deux premiers zéros tous les nombres composés de deux chiffres, en
place des trois premiers zéros tous les nombres composés de trois chiffres, et enfin, en place des quatre
zéros tous les nombres composés de quatre chiffres,
nous arriverons ainsi à un dernier nombre qui devra
être exprimé par 1 suivi de cinq zéros, ou 100000,
et que l'on désigne sous le nom de *cent mille*, car il
sera égal à cent fois mille.

En poussant maintenant aussi loin qu'on voudra
ces considérations, et substituant successivement et
par ordre, dans le dernier nombre formé qui est toujours suivi d'un certain nombre de zéros, tous les
nombres simples en place du premier zéro à droite,
tous les nombres composés de deux chiffres en place
des deux premiers zéros, tous les nombres composés

de trois chiffres en place des trois premiers zéros, et ainsi de suite, nous aurons formé tous les nombres possibles, et leur dénomination se composera, comme l'on a vu, de celle des nombres déjà formés.

11. Un coup-d'œil jeté en arrière, sur ce qui a été dit jusqu'ici, laisse apercevoir une succession de nombres formés par le moyen des précédens; de telle sorte que les nombres composés, appelés dixaines, se sont déduits des nombres simples; les nombres composés de centaines se sont formés à l'aide des dixaines, et conséquemment des nombres simples, et ainsi du reste.

12. Tel est donc l'ordre successif des nombres composés, que les chiffres qui servent à les représenter expriment des unités de dix en dix fois plus grandes que les nombres simples, en allant de droite à gauche, ou des unités de dix en dix fois plus petites en allant dans le sens contraire ou de gauche à droite (1).

Ces unités de divers ordres sont classées avec leur dénomination respectives, comme il suit : *nombres simples* ou *unités simples, dixaines, centaines, mille, dix mille, cent mille, millions, dix millions, cent*

_____

(1) Tel est le principe sur lequel repose le système de notre numération, et pour lequel on aurait pu adopter tout autre nombre de caractères que dix. Nous ne parlerons pas des autres systèmes de numération dont une théorie semblable sera mieux sentie à mesure que l'élève, en revenant sur ses pas, voudra essayer ses forces après avoir acquis plus de jugement et exercé son raisonnement.

millions , milliards ou billions , dix billions , cent bil-
lions , trillions , dix trillions , cent trillions , etc. , etc.

13. Avec une légère attention, on reconnaîtra une
analogie remarquable entre les ordres de ces unités ,
pris trois à trois , et dans leurs dénominations ; cela
va nous servir pour l'évaluation ou l'énonciation d'un
nombre considérable , et composé d'autant de chiffres
qu'on le désirera.

Qu'on partage préalablement le nombre proposé
en tranches de trois en trois chiffres , en allant de
droite à gauche , jusqu'à extinction du nombre des
chiffres qui y entrent , la dernière tranche pourra
n'être composée que de un ou de deux chiffres. Cela
fait , on énoncera le nombre de chaque classe d'unités indiqué par chaque tranche , en commençant par
la première à gauche , et l'on terminera l'énoncé par
la qualification du nombre total proposé , s'il est
concret. Ainsi, par exemple, le nombre
1574902368495236 hommes sera d'abord décomposé en tranches, comme il suit :

Quatrillions trillions billions millions mille unités simples.
1, | 574, | 902, | 368, | 495, | 236 | hommes,

et on l'énoncera en disant :

Un quatrillion , cinq cent soixante-quatorze tril-
lions, neuf cent deux billions , trois cent soixante-huit
millions, quatre cent quatre-vingt-quinze mille , deux
cent trente-six hommes.

14. Nous avons eu soin de faire remarquer en

2

commençant que la qualité ou qualification du nombre porte aussi , relativement à ce nombre , le nom
d'*unité ;* et toutes les fois que le nombre ne renferme
que des unités entières , il est appelé *entier.* Tel est
le nombre précédent , dans lequel la terminaison
d'*homme* forme l'unité. Il ne s'agira , dans ce qui va
suivre , que de nombres entiers , et nous aurons soin
d'avertir de toute autre espèce de nombre , si nous
venons à en parler.

15. Tous les changemens que nous opérerons sur
les nombres vont devenir maintenant un jeu du principe de la numération et l'introduction de tout mécanisme de calcul , ou de composition et de décomposition de nombres qui constituent au fond l'Arithmétique ; ils sont compris dans ce qui suit :

16. 1.° On peut ou placer à la droite du nombre proposé, ou à sa gauche, ou parmi les chiffres compris
entre les deux extrêmes du nombre , un ou plusieurs
zéros , et plus généralement un ou plusieurs chiffres
(significatifs (1) ou non).

2.° On peut omettre ou supprimer, soit à la droite
du nombre proposé , soit à sa gauche, soit enfin entre les chiffres du nombre, un ou plusieurs zéros , ou
encore un ou plusieurs chiffres quelconques (2).

---

(1) On doit entendre par chiffre significatif celui qui a par lui-même
une valeur absolue et indépendante de la place qu'on peut lui faire occuper dans un nombre.

(2) Nous aurions pu comprendre tous ces changemens sous un même
énoncé, et pour cela nous n'avions qu'à ajouter au premier énoncé ces

Examinons la loi des augmentations qu'éprouve le nombre dans le premier cas.

Si, d'abord, le chiffre placé est un zéro, 1.º il est visible que, lorsqu'il occupera la place immédiatement à la droite du nombre proposé, il fera occuper à chacun des chiffres primitifs une nouvelle place située immédiatement à la gauche de celle qu'il occupait dans l'origine, de sorte qu'alors ils exprimeront des unités de dix en dix fois plus grandes que primitivement ; d'où il suit que le nombre proposé sera devenu lui-même dix fois plus grand, ou exprimera dix fois plus d'unités qu'il n'en avait auparavant.

18. 2.º Il n'est pas moins évident que le nombre total ne changera pas de valeur lorsque le zéro prendra la première place à gauche ; car alors chaque chiffre du nombre ne cessera pas d'occuper sa même place et conservera par là sa même valeur.

3.º Quand le zéro est intermédiaire, il fait changer de place à chacun des chiffres qui le précèdent à gauche, sans altérer en rien la valeur de ceux qui le suivent, de sorte qu'il n'y a que la partie du nombre qui se trouve située à gauche du zéro interposé, qui devienne dix fois plus grande.

19. Supposons ensuite que le chiffre sur-ajouté au

mots : *ou supprimer*. Mais nous avons préféré, pour faciliter l'intelligence, faire deux énoncés distincts qui, d'ailleurs, mettent en évidence une différence entre des additions d'une part, et des suppressions de l'autre ; car nous verrons que les nombres augmentent dans le premier cas, et diminuent dans le second.

nombre soit quelconque , il sera aisé d'apercevoir que
c'est comme si l'on eût placé un zéro à la droite du
nombre , et que l'on y eût ajouté la valeur représentée par le chiffre ; car, d'après ce que nous avons re-
marqué , le nombre nouveau pourrait se décomposer
en deux parties, dont l'une serait le chiffre sur-ajouté,
et l'autre serait le nombre primitif suivi de zéro. Ainsi,
par exemple, si le nombre proposé était 429 , et qu'on
eût placé à sa droite le chiffre 5 , ce qui l'eût transformé en 4295 , le nombre 429 fût devenu d'abord
dix fois plus grand , et eût subi une augmentation de
la valeur de 5.

20. Le chiffre sur-ajouté étant au contraire placé
à la gauche, c'est comme si , au nombre proposé, on
eût ajouté un nombre égal à ce chiffre , suivi d'autant
de zéros qu'il y avait de chiffres dans le nombre proposé. Ainsi, si au lieu de placer le chiffre 5 à la droite
du nombre 429 , on le plaçait à sa gauche, il se chan-
gerait en 5429 ; on aurait donc, par ce moyen, ajouté
au nombre proposé 429 , le nombre 5 suivi de trois
zéros, ou le nombre 5000.

21. Enfin, le chiffre sur-ajouté étant intermédiaire,
ne change rien à la place, et conséquemment à la valeur de la partie du nombre proposé qui est à la droite
de ce chiffre, mais rend dix fois plus grande la partie
qui se trouve à gauche, en même temps qu'elle subit
une augmentation de toute la valeur du chiffre interposé, et dépendante du rang qu'il vient occuper.
Ainsi, le chiffre 5 étant placé entre les chiffres 2 et

9 du nombre 429, change ce nombre en 4259 ; la partie 42 du nombre proposé est donc devenue dix fois plus grande et a éprouvé une augmentation de (5) cinq dixaines (attendu que ce chiffre est venu occuper le rang des dixaines), tandis que le chiffre 9, qui constitue la partie du nombre à droite du chiffre 5, n'a pas cessé d'appartenir à la même classe qu'il représentait primitivement.

Voilà pour ce qui est des conséquences à déduire de l'interposition d'un seul chiffre, en quelque part que ce soit, du nombre proposé.

22. Après les développemens précédens, on concevra sans peine ce qui doit se passer lorsqu'on place deux, trois, etc., zéros à la droite du nombre proposé ; en effet, il arrive alors que chacun des chiffres prend deux, trois, etc., places situées plus en avant sur la gauche que celle qu'il occupait primitivement ; de sorte qu'ils expriment par-là respectivement des nombres cent, mille, etc., etc., fois plus grands qu'auparavant ; d'où il suit que la collection de ces chiffres, ou plutôt le nombre total primitif est devenu cent, mille, etc., etc., fois plus grand.

23. Veut-on que ces deux, trois, etc., etc., zéros soient placés dans l'intérieur du nombre donné, il n'est pas moins visible qu'il n'y aura que la partie de ce nombre située à la gauche des zéros, qui deviendra cent, mille, etc., etc., fois plus grande ; donc cette partie du nombre deviendra le nombre lui-même, et conséquemment conservera la même valeur quand

les zéros seront placés en tel nombre que l'on voudra immédiatement à sa gauche.

24. On peut enfin, au lieu de zéros, faire occuper dans le nombre proposé deux, trois, etc., etc., places consécutives à deux, trois, etc., etc., chiffres quelconques. Placés immédiatement à la droite, ils rendent le nombre cent, mille, etc., etc., fois plus grand qu'il n'était; puis il subit en outre une augmentation de valeur due au nombre que représentent les deux, trois, etc., etc., chiffres ajoutés. Étant placés immédiatement à la gauche du nombre, celui-ci doit être alors considéré comme une partie ajoutée en remplacement d'autant de zéros qu'elle comporte de chiffres, lesquels zéros étant eux-mêmes placés à la suite du nombre que forment les deux, trois, etc., etc., chiffres ajoutés donnent une seconde partie du nombre nouveau résultant de ce changement.

25. Lorsqu'enfin les chiffres ajoutés sont intermédiaires au nombre proposé, il suffit de voir que leur introduction fait changer de place tous les chiffres du nombre qui se trouvent à gauche de ceux interposés, sans déplacer ceux qui sont situés à la droite; de sorte qu'alors la partie du nombre à gauche devient cent, mille, etc., etc., fois plus grande, et s'accroît en outre de la valeur représentative du nombre formé par les chiffres ajoutés, et due à la place qu'ils viennent occuper dans l'intérieur du nombre donné, le tout indépendamment de la partie du nombre proposé qui

se trouve à la droite , et laquelle conserve toujours sa valeur primitive.

26. Nous serons dispensés , par ce qui précède , d'examiner la loi de diminution qu'éprouve le nombre dans le second cas prévu, si nous substituons les mots de plus *grand* à celui de plus *petit*, et *d'augmenter* à celui de *diminuer*. Par ce moyen on aura tous les changemens relatifs au second cas énoncé , c'est-à-dire , toutes les lois de diminution qu'éprouveraient les nombres proposés , et qui se démontreraient d'une manière absolument semblable aux précédens.

27. Jusqu'à présent nous n'avons parlé que d'augmentation ou de diminution des nombres , et il n'y a en effet en général d'autres opérations à faire sur eux que celles qui tendent à les augmenter ou à les diminuer. Il n'y a donc , à proprement parler , que deux opérations généralement distinctes en Arithmétique. On les appelle , l'une l'*addition*, qui a pour objet l'accroissement ou l'augmentation des nombres ; l'autre la *soustraction*, qui a pour but leur décroissement ou leur diminution.

DE L'ADDITION.

28. Réunir deux ou plusieurs nombres de manière à n'en composer qu'un seul que l'on nomme *somme*, c'est là ce que l'on doit se proposer dans l'addition : ainsi , faire *une somme* de plusieurs nombres , les *ajouter*, sont des expressions synonymes.

29. Pour nous élever graduellement du simple au composé, nous observerons que tant qu'il s'est agi des nombres formés d'un seul chiffre, rien n'a été plus facile que d'exécuter l'opération par un moyen naturel et mécanique. Le nombre des doigts qui composent nos deux mains suffit (1); et, pour peu d'attention que l'on y fasse, le mécanisme le plus simple revient toujours à ajouter 1 au nombre formé; par exemple, chacun des nombres simples a pu être formé de cette manière, en commençant même la série par zéro. Ensuite, il a fallu les ajouter entr'eux, tout formés qu'ils étaient, et de là est venue une première nécessité d'exercer sa mémoire sur tous les nombres-sommes résultant de ces additions de nombres simples, et qui a donné lieu, pour la suppléer au besoin, au tableau ou à la table suivante, dans laquelle on voit les nombres simples combinés seulement deux à deux, ce qui nous sera suffisant, comme nous le verrons bientôt :

---

(1) Ce moyen est toujours mis en usage par ceux qui n'ont aucune habitude du calcul, et qui n'en ont même aucune idée; il est pris nécessairement dans la nature.

TABLE des sommes fournies par l'Addition deux à deux, des nombres d'un seul chiffre, ou des nombres simples, ou seulement TABLE D'ADDITION.

A   B

0	1	2	3	4	5	6	7	8	9
1	2	3	4	5	6	7	8	9	10
2	3	4	5	6	7	8	9	10	11
3	4	5	6	7	8	9	10	11	12
4	5	6	7	8	9	10	11	12	13
5	6	7	8	9	10	11	12	13	14
6	7	8	9	10	11	12	13	14	15
7	8	9	10	11	12	13	14	15	16
8	9	10	11	12	13	14	15	16	17
9	10	11	12	13	14	15	16	17	18

C   D

30. La construction de cette table est aussi simple que son usage. Après avoir placé sur une même ligne A B, la suite de tous les nombres simples commençant par zéro, on disposera dans une direction A C, perpendiculaire (1) à A B, la même suite de nombres simples, et il est visible d'abord que cette première

---

(1) Une ligne est perpendiculaire à une autre lorsqu'elle n'incline pas plus d'un côté que de l'autre à l'égard de la seconde.

suite de nombres forme autant de sommes particulières résultantes de l'addition du premier avec chacun
des autres disposés suivant une même ligne ; de sorte
que si l'on ajoute, par exemple, au premier nombre
zéro qui commence la ligne A B , chacun de ceux qui
sont sur cette ligne , on aura dans la colonne A C
chacune des sommes respectives qui forment la répétition de la suite des nombres simples : ensuite , en
ajoutant chacun des nombres de la colonne A C avec
tous ceux de la ligne A B , on obtiendra et l'on placera à côté les unes des autres , suivant la même direction A B , toutes les sommes particulières ; par ce
moyen on aura formé autant de lignes de nombres-
sommes qu'il y aura de nombres simples , et il y aura
en outre dans chacune de ces lignes autant de nombres-sommes qu'il y en a dans la même suite de nombres simples. Si donc tous ces nombres sont espacés
de manière à conserver entr'eux la même distance ,
il est évident que leur ensemble formera un carré (1)
A B D C que nous nommerons *Table d'Addition.* Il
n'y aura donc, pour s'en servir , qu'à considérer les
deux nombres qu'on se propose d'ajouter , l'un dans
la ligne A C , et l'autre dans la ligne A B , et à descendre perpendiculairement à cette dernière jusqu'à
la rencontre du nombre placé vis-à-vis de celui considéré dans la ligne A C , et suivant la seconde ligne.

----

(1) Un carré est une figure de quatre côtés , qui a tous ses angles et
ses côtés égaux.

31. Éclaircissons cet usage par un exemple : proposons-nous d'ajouter les nombres 7 et 6 : nous des-
cendrons vis-à-vis du nombre 7 de la ligne A B , et
perpendiculairement à cette ligne jusqu'à la rencontre du nombre 13 qui , selon la direction de la même
ligne ou perpendiculaire à la ligne A C , correspond
à l'autre nombre 6. Ainsi , nous conclurons que 13
est la somme cherchée des deux nombres proposés.

32. Quand on a ainsi formé toutes les sommes des
nombres simples pris deux à deux , rien n'est plus
facile que de les ajouter trois à trois ; il suffit en effet ,
pour cela, de considérer comme un seul nombre chacune des sommes précédemment formées dans le cas
de deux nombres simples , et d'y ajouter de la même
manière le troisième nombre proposé. Considérant
encore chacune des dernières sommes résultantes de
trois nombres simples comme un seul nombre , on
pourra y ajouter un quatrième nombre simple , pour
obtenir la somme relative au cas de quatre nombres
simples à ajouter, et ainsi du reste. On voit , par ce
moyen , qu'on sera en état d'ajouter tous les nombres
simples entr'eux , en quelque nombre qu'on les suppose.

33. D'après cela , voyons comment il serait possible de faire la somme de deux ou plusieurs nombres
composés.

Nous observerons que cette somme devra se composer de toutes les sommes particulières dues à chaque ordre d'unités, c'est-à-dire , de celle des nom-

bres ou unités simples, de celle des dixaines, de celle des centaines, de celle des mille, etc., etc., qui peuvent entrer dans les nombres proposés.

Conséquemment, après avoir nécessairement disposé les nombres à ajouter de manière à ce que les chiffres d'un même ordre d'unités se correspondent dans une même colonne, l'opération se réduira à ajouter entr'eux tous les chiffres appartenant à une même colonne, et à placer chaque somme relative immédiatement au-dessous. L'ensemble des chiffres ainsi placés dans le résultat doit donc composer la somme totale, et l'opération est par cela même terminée.

34. Prenons pour exemple les deux nombres 43212 et 355104 que nous nous proposerons d'ajouter; nous les écrirons, d'après ce qui précède, comme il suit :

$$43212$$
$$355104$$
$$\overline{398316.}$$

Puis, procédant comme il vient d'être dit, on aura pour somme totale le nombre 398316, dans lequel chaque chiffre exprime une somme particulière et d'un ordre dépendant de celui de la colonne à laquelle il était immédiatement inférieur.

35. C'est bien là sans doute le procédé général que l'on doit employer pour effectuer l'addition de deux

ou plusieurs nombres composés. Mais il est des cas très-fréquens où l'application n'en est pas directe et immédiate : ce sont ceux qui supposent plus grandes que 9 les sommes particulières que peut donner l'addition des chiffres d'une même colonne ; et alors il ne devient plus indifférent de commencer l'opération plutôt par la droite que par la gauche, ce qui n'était pas ainsi dans l'exemple précédent. On conçoit, en effet, que dès l'instant que l'une des sommes particulières surpasse 9, elle contiendra au moins 1 pris dans l'ordre suivant, et immédiatement à gauche de la colonne sur laquelle on opère ; et comme on ne peut placer qu'un seul chiffre au-dessous dans le résultat, il faudra nécessairement tenir compte de l'excédant qui sera alors un certain nombre de dixaines, c'est-à-dire, qu'il faudra ajouter ce nombre avec les chiffres de la colonne à gauche, immédiatement suivante ; d'où il suit qu'il faut opérer nécessairement en allant de droite à gauche, comme il a été dit plus haut, avec cette attention nouvelle (dans le cas où la somme particulière excède 9) de retenir le nombre excédant de dixaines, et de les ajouter avec les chiffres de la colonne à gauche. On peut donc ramener généralement l'addition des nombres composés à ce procédé, plus étendu que le précédent.

« Placez d'abord les nombres proposés les uns au-
» dessous des autres, et de manière que les chiffres
» d'un même ordre se correspondent dans la même
» colonne ; puis ajoutez, en commençant par la

» droite , ou plutôt en allant de droite à gauche , tous
» les chiffres d'une même colonne , et vous en écrirez
» la somme au-dessous si elle ne surpasse pas 9 , ou
» seulement l'excédant si elle est plus grande que 9,
» en réservant le nombre des dixaines que cette somme
» renferme pour l'ajouter avec les chiffres de la co-
» lonne suivante ».

36. Proposons-nous donc, pour application de la règle générale que nous venons de prescrire , d'ajouter
les cinq nombres suivans : 792301 , 68425 , 30782 ,
45723086 , 21189 ; nous commencerons par les disposer comme suit :

$$792301$$
$$68425$$
$$30782$$
$$45723086$$
$$21189$$

SOMME....... 46635783

Puis nous ajouterons tous les chiffres de la première
colonne à droite , et nous trouverons que leur somme
est 23 (plus forte par conséquent que 9) ; c'est pourquoi nous écrirons seulement 3 au-dessous , et nous
retiendrons les 2 dixaines pour les ajouter avec leurs
semblables de la colonne suivante ; cette addition particulière étant effectuée , nous aurons 28 pour somme ;
nous écrirons seulement 8 au-dessous , et nous retiendrons 2 que nous ajouterons ensuite avec les chif-

fres de la troisième colonne dont la somme sera 17 ;
nous ne poserons que 7 au résultat , et nous retiendrons encore 1. Ce dernier nombre d'unités étant
ajouté avec les chiffres de la quatrième colonne , nous
trouverons pour somme 15 ; nous n'écrirons que 5
au-dessous , et nous porterons 1 à la cinquième colonne pour effectuer une nouvelle addition semblable
aux précédentes. Nous aurons au résultat 23 ; mais
n'écrivant encore que 3 , nous aurons à ajouter 2 aux
chiffres de la sixième colonne. La nouvelle somme
étant 16 , nous ne poserons que 6 , et nous ajouterons
1 au chiffre 5 qui compose la septième colonne, ce
qui donnera 6 que nous écrirons au-dessous ; enfin ,
comme il n'y a dans cette dernière somme aucune
retenue , nous nous bornerons à descendre ou écrire
au résultat le chiffre 4 qui compose seul la huitième
colonne : par ce moyen l'opération sera terminée en
épuisant toutes les colonnes , et l'ensemble des chiffres placés au-dessous respectivement à chaque somme particulière , fera connaître la somme totale ou
le nombre cherché

$$46635783$$

37. Cet exemple suffit pour exécuter une addition
de nombres composés dans tous les cas possibles.
Nous ne nous proposerons donc pas de nouveaux
exemples que l'on pourra toutefois multiplier pour
acquérir de l'habitude dans cette opération sur laquelle nous n'insisterons pas davantage.

DE LA SOUSTRACTION.

38. *Retrancher* ou *soustraire* un nombre d'un autre, pour savoir de combien le second surpasse le
premier, ou enfin, pour connaître, si l'on veut, la
différence qui doit exister entre ces deux nombres,
tel est l'objet qu'on se propose dans cette opération,
dont le résultat porte selon les cas et indistinctement
le nom *d'excès, reste ou différence*. Ainsi, chercher
l'excès d'un nombre sur un autre, en prendre la différence, ou enfin trouver le reste de deux nombres
à retrancher entr'eux, c'est toujours sous-entendre la
soustraction.

39. Cette opération ne suppose généralement que
deux nombres, dont l'un est toujours censé plus grand
que l'autre ; et tant qu'ils ne sont composés que d'un
seul chiffre, la mémoire doit suppléer l'opération ;
si elle est en défaut, on peut toujours recourir à la
table suivante :

TABLE DE SOUSTRACTION.

A   B

0	1	2	3	4	5	6	7	8	9
1	2	3	4	5	6	7	8	9	
2	3	4	5	6	7	8	9		
3	4	5	6	7	8	9			
4	5	6	7	8	9				
5	6	7	8	9					
6	7	8	9						
7	8	9							
8	9								
9									

C

40. La forme en est visiblement triangulaire (1) ;
et , en parlant aux yeux de l'élève comme celle de la
table d'addition , elle peut retracer plus facilement à
son esprit les nombres qu'elle renferme ; elle a même
cela de particulier, qu'étant déduite de cette même
table d'addition qui en a suggéré l'idée , elle en forme
précisément la moitié : il est en effet du ressort des
yeux que chacun des nombres qui y entrent et qui,
dans la table d'addition , formaient autant de sommes particulières (sans en excepter les nombres simples), peut être pris à son tour comme le plus grand
des deux nombres à retrancher , de sorte que , prenant pour le plus petit celui des nombres qui , dans

---

(1) Un triangle est une figure de trois côtés ou de trois angles.

la colonne A C, par exemple, correspond suivant la direction A B au premier nombre, on trouvera écrit au-dessus, en partant de celui-ci et remontant dans la direction A C jusqu'à la rencontre de la ligne A B, le nombre qui exprime la différence cherchée entre les deux nombres proposés. On aurait pu réciproquement combiner l'un quelconque des nombres de la ligne A B, considéré comme le plus petit avec tout autre nombre de la même table, placé dans la même colonne que le précédent, et lequel serait pris pour le plus grand; regardant ensuite dans la colonne A C celui des nombres qui répondrait à ce dernier, selon une direction A B, ou dans le sens de cette ligne, ce nombre indiquerait encore la différence entre les deux nombres considérés.

41. Pour dissiper tout ce que pourrait avoir d'obscur la voie que nous venons d'indiquer, et pour faciliter à la fois l'usage de cette table que nous nommerons *table de soustraction*, nous choisirons un exemple de soustraction. Nous nous proposerons la recherche de la différence entre les deux nombres 5 et 8.

Pour cela nous arrêterons nos regards sur le nombre 5, répondant, dans la colonne A C et dans le sens A B, au nombre 8, puis en remontant le long de la colonne dans laquelle se trouve ce dernier, jusqu'à la rencontre du nombre 3 de la ligne A B, nous conclurons que celui-ci est la différence cher-

chée que l'on aurait pu trouver en opérant inverse-
ment par rapport aux lignes A C et A B ; c'est-à-dire ,
qu'après avoir fixé le nombre 5 de la ligne A B , et
être descendu dans la colonne de ce nombre jusqu'à
la rencontre du nombre 8 , le nombre 3 placé vis-à-
vis , sur la ligne A C , aurait encore satisfait à la
question.

42. Nous voilà donc en état d'effectuer la soustraction , tant qu'il ne s'agira que de nombres simples ;
mais nous allons voir que ceux-ci vont nous servir
pour les nombres composés et qu'il n'y aura rien de
nouveau à apprendre pour opérer sur ces derniers.

Qu'après une disposition convenable des deux nombres considérés , on retranche entr'eux les chiffre
d'un même ordre , il est clair qu'on aura retranché
en entier les deux nombres. Cette réflexion est suffi-
sante pour faire naître le procédé que l'on doit suivre
pour réaliser la soustraction entre deux nombres composés. Il est tout naturellement consigné dans ce
précepte :

« Disposez les deux nombres (et pour plus de
» commodité on place ordinairement le plus grand
» au-dessus du plus petit) de façon que les chiffres
» de même ordre soient placés dans une même co-
» lonne, puis opérez la soustraction , chiffre pour
» chiffre comme dans le cas des nombres simples, et
» écrivez chaque reste particulier dans la colonne à
» laquelle il appartient ; par ce moyen , le nombre

» que formera l'ensemble de ces restes partiels sera
» la différence totale ».

43. D'après cela qu'il s'agisse de retrancher le
nombre 621543 du nombre 97686745, nous écrirons d'abord les deux nombres ainsi :

$$\begin{array}{r} 97686745 \\ 621543 \\ \hline \end{array}$$

DIFFÉRENCE..... 97065202

Ensuite, retranchant chaque chiffre du nombre
inférieur ou le plus petit de son correspondant dans
le nombre supérieur, ou le plus grand, on placera
comme ci-dessus chaque reste sous la colonne qui lui
est respective ; par ce moyen, le nombre 97065202,
ou l'ensemble de ces restes constituera la différence
totale des deux nombres proposés.

44. Le sens dans lequel on opère devient, comme
l'on voit, très-indifférent lorsqu'on peut obtenir directement chaque reste particulier, ce qui n'a pas toujours lieu comme dans les exemples qui vont suivre ;
alors on reconnaît la nécessité de commencer l'opération par la droite. C'est ainsi qu'en voulant retrancher, par exemple, le nombre 23987 du nombre
9125436, et les avoir disposés dans cet objet, l'opération se présente comme il suit :

$$9125436$$
$$23987$$

DIFFÉRENCE...... 9101449

et donne pour différence 9101449, nombre que l'on n'a pu obtenir immédiatement. En effet, en appliquant ici la règle donnée, il a été impossible d'effectuer directement la soustraction de chaque chiffre inférieur de son correspondant supérieur ; car quelques-uns des chiffres, comme on peut le voir, se sont trouvés trop faibles dans le nombre supérieur. Il a fallu avoir recours à un expédient qui s'offre assez naturellement, celui d'emprunter 1 sur le chiffre voisin à gauche. Il est visible que ce nombre 1 vaut 10 à l'égard du chiffre sur lequel on opère, de sorte que, ajoutant par suite de cet emprunt 10 à la valeur de ce chiffre, la soustraction est devenue possible et le chiffre sur lequel on a emprunté a dû devenir par ce moyen moindre de 1 ; c'est avec cette attention qu'on est parvenu au résultat précédent.

45. Au lieu de diminuer de 1 le chiffre auquel on a emprunté, il revient évidemment au même de le laisser subsister dans son primitif état, mais d'augmenter de 1 le chiffre suivant qu'il faudra en retrancher. Quand on a retranché ou essayé de retrancher, par exemple, le premier chiffre 7 de son correspondant 6, reconnu

trop faible , on a emprunté au chiffre suivant 3 , le nombre 1 (ou 10 par rapport à l'ordre du chiffre 6); l'addition de 10 à 6 a donné 16 , nombre assez grand pour en retrancher 7 ; mais au lieu de considérer le chiffre 3 sur lequel l'emprunt a été fait comme ne valant plus que 2 , on peut le laisser tel qu'il est , et il faut alors augmenter de 1 le chiffre suivant 8 à retrancher, lequel par-là est considéré comme 9. Cela ne change rien à la différence des deux chiffres que l'on retranche, puisque c'est ajouter 1 à chacun d'eux, et même, pourvu qu'en général on leur ajoute le même nombre , ils conservent toujours entr'eux la même différence. Cette dernière observation , qu'il est très-facile de vérifier, a son application constante, comme nous le verrons dans le procédé de l'opération analogue à la soustraction qui est connue sous le nom de la division. C'est le moyen d'abréger des longueurs qu'entraîne inévitablement cette dernière.

64. Il peut arriver aussi dans le cours de la soustraction que le chiffre soumis à l'emprunt soit un ou même plusieurs zéros , comme le suppose l'exemple suivant :

$$9350002$$
$$146873$$

Différence..... 9203129

Voici, dans ce cas, comme il faut procéder : on empruntera sur le premier chiffre significatif 5 qui vient immédiatement à gauche après les zéros ; on considérera ceux-ci chacun comme 9 et on ajoutera 10 au chiffre 2 sur lequel on opère ; par ce moyen la soustraction deviendra possible , en tenant toujours compte , comme dans l'exemple antérieur , du nombre 1 emprunté. La raison en est qu'en empruntant 1 sur le chiffre 5 , qui est dans l'ordre des dixaines de mille , c'est comme si l'on avait emprunté le nombre 1000 dans le voisinage du chiffre 2 et avant ce chiffre ; et comme le nombre 1 , pris sur 1000 , est suffisant pour effectuer la soustraction , puisqu'il vaut 10 à l'égard du chiffre 2. ce nombre 1000 ne vaudra plus évidemment , après l'emprunt , que 999 , et le chiffre 5 ne vaudra plus que 4.

47. Ces deux exemples offrent les seuls cas d'exception à la règle générale que nous avons donnée pour opérer la soustraction. Tout ce que nous avions à dire sur cette opération se termine donc ici.

Nous ne pouvons toutefois nous dispenser de faire ici une remarque qui s'applique également à toutes les opérations de l'arithmétique : c'est que nous avons vu se décomposer l'addition et la soustraction sur deux chiffres produisant un résultat partiel (1) ; de sorte que l'ensemble de ces résultats a formé le ré-

---

(1) Quel que soit le nombre des chiffres à ajouter, l'opération revient toujours à réunir deux chiffres , comme pour les soustraire.

sultat total de l'opération. Ce procédé est général et nous le verrons s'accroître et s'étendre à mesure que nous avancerons.

DE LA MULTIPLICATION.

49. Nous avons déjà eu occasion d'effectuer, sans nous en douter, cette opération (à la vérité dans des cas particuliers et restreints), lorsqu'en commençant nous avons appris qu'un nombre entier pouvait être rendu dix, cent, mille, etc., fois plus grand ; ici nous l'étendrons au cas plus général ; nous nous proposerons de rendre un nombre entier, une, deux, trois, etc., c'est-à-dire, en un mot, un nombre quelconque de fois plus grand ; c'est ce que l'on exprime encore par les mots *doubler, tripler, quadrupler,* etc., et enfin *multiplier,* parce qu'en effet par l'opération dont s'agit le nombre est rendu double, triple, quadruple, etc., etc., et enfin multiple de son état primitif.

50. Il ne faut toutefois pas confondre ces expressions *une fois plus grand* ou *deux fois plus grand* avec celles-ci : *multiplier par un, multiplier par deux ;* en considérant l'opération sous un nouveau point de vue, comme dans ce qui va suivre, les premières expressions seulement devront être synonymes, puisqu'elles conduiront à un même résultat, tandis que les deux autres sont différentes en vertu des deux résultats

différens qu'elles donnent ; il est nécessaire d'entrer dans quelques détails pour éclaircir ce paradoxe qui n'est qu'apparent. Nous allons voir qu'il réside tout entier dans la manière naturelle d'envisager la multiplication et dans un mode de locution adopté.

En effet, l'addition qui comprend généralement tous les nombres quelconques, se particularise lorsque ces nombres deviennent égaux entr'eux. Ainsi, lorsqu'on a à ajouter ensemble deux nombres égaux, c'est comme si l'on avait à ajouter l'un de ces nombres à lui-même ou une fois à lui-même, ce qui donnerait deux fois ce même nombre ou le double de ce nombre ; de même, s'agissant de trois nombres égaux, l'opération précédente reviendrait à ajouter l'un quelconque de ces nombres deux fois à lui-même et donnerait pour résultat trois fois ce nombre ou le triple de ce nombre ; et ainsi de suite jusqu'au multiple d'un même nombre qui serait le résultat de l'addition d'autant de nombres égaux au précédent qu'il y en a de supposés. On voit par ce moyen que la multiplication peut devenir une modification de l'addition ou plutôt une addition abrégée, et que, pour rendre un nombre deux, trois, etc., etc., fois plus grand, il faut l'ajouter une fois, deux fois, etc., etc., à lui-même. C'est le véritable point de vue sous lequel on doit envisager la multiplication et qui peut faire cesser toute équivoque dans les expressions. Il suit d'ailleurs de ce qui précède que cette opération

a pour objet de *prendre ou répéter un nombre un certain nombre de fois,* ou *autant de fois que l'indique
un autre nombre;* il n'est donc pas possible d'admettre qu'un nombre devenu une fois plus grand ou devenu double, soit égal à ce nombre multiplié par un,
ou à ce nombre lui-même. On ne peut donc plus se
méprendre après ces explications, et nous allons passer aux détails de l'opération.

51. Il est certain que, tant que les nombres à
multiplier entr'eux ne contiendront qu'un seul chiffre,
il n'existe pas d'autre moyen que celui d'ajouter l'un
d'eux à lui-même une fois de moins que ne l'indique
l'autre. Mais pour éviter des longueurs dans un semblable procédé, on a formé, une fois pour toutes, tous
les nombres produits par la multiplication ou plutôt
par l'addition de tous les nombres simples pris chacun autant de fois que l'indique chacun de ces nombres. Il est donc indispensable, pour opérer promptement, de conserver dans sa mémoire le tableau suivant que l'on nomme aussi table de multiplication
dont la formation est due à Pythagore qui en est
l'inventeur.

Tous les nombres renfermés dans cette table qui
a, comme on le voit ci-après, la forme d'un carré
A B C D, sont autant de résultats de multiplication
que l'on nomme aussi *produits;* elle est telle que l'on
peut multiplier indistinctement, l'un par l'autre,
chacun des nombres de la ligne A B par chacun des

nombres de la ligne **A C**, et réciproquement, de façon qu'il en résultera toujours le même produit pour deux nombres que l'on y considérera.

TABLE DE MULTIPLICATION.

A   B

1	2	3	4	5	6	7	8	9
2	4	6	8	10	12	14	16	18
3	6	9	12	15	18	21	24	27
4	8	12	16	20	24	28	32	36
5	10	15	20	25	30	35	40	45
6	12	18	24	30	36	42	48	54
7	14	21	28	35	42	49	56	63
8	16	24	32	40	48	56	64	72
9	18	27	36	45	54	63	72	81

C   D

52. On donne ordinairement le nom de *multiplicande* au nombre que l'on multiplie, celui de *multiplicateur* au nombre par lequel on multiplie, et à ces deux nombres en même temps, sans distinction, celui de *facteurs du produit*. La table précédente (que l'on pouvait étendre indéfiniment, mais sans besoin) est bien propre à mettre en évidence cette vérité ou

axiôme, que, *dans quelqu'ordre que l'on multiplie les deux facteurs, le produit ne cesse pas d'être identiquement le même;* d'où il suit également que, *si l'un des facteurs est zéro, le produit devient zéro ou nul.*

53. Puisque la multiplication n'est autre que l'addition modifiée, nous devons trouver dans cette dernière opération le procédé qui doit conduire au résultat de la première.

Supposons qu'on ait d'abord un nombre quelconque à multiplier par un nombre composé d'un seul chiffre; et, pour fixer nos idées, prenons pour exemple de multiplication les deux nombres :

$$23012 \quad \text{(multiplicande)}$$
$$3 \quad \text{(multiplicateur)}.$$

Il est clair que, pour satisfaire à la question, nous pourrons écrire trois fois le multiplicande, ou seulement deux fois au-dessous de lui-même, de cette manière :

$$23012$$
$$23012$$
$$23012$$
$$\overline{69036}$$

et procéder à l'addition comme à l'ordinaire, ce qui donnerait pour résultat 69036; mais avec une légère attention, il est aisé d'apercevoir que nous aurions atteint le même but si nous avions multiplié par 3 chacun des chiffres du multiplicande écrit une seule fois (car tout se réduit à répéter trois fois toutes les parties qui composent le multiplicande), et que nous eussions placé chaque produit partiel dans la colonne respective à chaque chiffre du multiplicande ; de là doit donc résulter la règle simple et facile : « Pour » multiplier un nombre composé quelconque par un » nombre simple, il faut multiplier chacun des chif- » fres du premier pris comme multiplicande par le » multiplicateur ». Cette règle qui est générale, lit- téralement, souffre néanmoins des restrictions quant au sens dans lequel il faut commencer l'opération, ce qui n'est pas toujours indifférent, comme dans l'exem- ple qui va suivre :

Proposons-nous le nombre   45238
A multiplier par...........   6

271428

Ici il est de rigueur de commencer l'opération par la droite, tandis que dans l'exemple précédent cette considération était inutile. La raison est que, dans celui-ci, chaque produit partiel ne fournit point de nombre d'une classe supérieure à lui ou au chiffre correspondant dans le multiplicande, et que cette circonstance a lieu au contraire pour le second exem- ple qui met en évidence comme dans l'addition, la nécessité de commencer par la droite pour éviter la confusion des produits partiels avec les nombres d'un ordre supérieur qui doivent se réunir. Ainsi, opérant dans l'occasion offerte par le dernier exemple, nous dirons, en commençant par la droite : 6 fois 8 font 48 ; nous poserons seulement 8 pour premier chiffre du produit, et nous retiendrons les quatre dixaines, ou seulement 4 pour ajouter au produit partiel suivant de 3 multiplié par 6, ou au nombre 18, ce qui formera un total de 22 ; nous n'écrirons que 2, en retenant deux centaines, pour ajouter au produit 12, résultant de 2 multiplié par 6, et il viendra par ce moyen 14 ; nous n'écrirons encore que le chiffre 4 en retenant 1 pour la colonne suivante, et passant à la multiplication du chiffre 5 par 6, nous aurons 30, et avec un de retenu, 31 ; enfin, après n'avoir écrit que 1 au produit et retenu 3, nous multiplierons le dernier chiffre 4 par 6, et nous ajouterons au produit partiel 24 la retenue 3, ce qui donnera 27 que nous écrirons tout au long, tous les chiffres du multiplicande étant épuisés ; l'opération sera donc terminée et le produit total sera 271428.

54. En présentant de même cet exemple de multiplication sous l'aspect d'une addition, on aurait reconnu encore la nécessité de commencer l'opération par la droite. C'est en rapprochant aussi souvent qu'il est possible ces deux opérations, que nous reconnaîtrons de plus en plus le secours mutuel qu'elles se prêtent et l'intimité qui les lie.

55. Avant de passer au procédé général de la mul-

tiplication des nombres composés, nous ferons une remarque essentielle sur le produit et sa nature. D'après ce qui a été dit, il est facile de reconnaître dans le produit d'une multiplication, une expression même du multiplicande répété un certain nombre de fois ou autant de fois que l'indique toujours le multiplicateur; de telle façon que, lors même que le premier n'est point abstrait, le second doit toujours l'être nécessairement. Il suit aussi de là que le produit doit être un nombre de même nature que le multiplicande.

56. Ces réflexions, jointes au procédé antécédent de la multiplication par un nombre simple, vont nous conduire à celui relatif aux nombres composés.

Proposons-nous en effet, pour plus grande clarté, la multiplication des deux nombres de l'exemple suivant :

$$
\begin{array}{r}
47923 \\
5486 \\
\hline
287538 \\
383384 \\
191692 \\
239615 \\
\hline
262905578 \\
\hline
\end{array}
$$

Il est évident que c'est comme s'il s'agissait de

répéter le premier de ces deux nombres ou le multiplicande 5486 fois. Or nous y parviendrons en dé-
composant l'opération par parties, comme le nombre
5486, en répétant le multiplicande, 1.° 6 fois ; 2.°
80 fois ; 3.° 400 fois ; 4.° et enfin 5000 fois ; et en réunissant les quatre produits résultant de ces multiplications partielles. Il ne s'agit donc que de former ces
produits, et pour cela nous observerons, 1.° que le
premier 287538 doit s'obtenir en vertu de la règle
précitée pour le cas d'un multiplicateur d'un seul
chiffre ; 2.° que le second 383384 qui est tout aussi
facile à composer que le précédent, et qui exprime 8
fois le multiplicande, étant disposé par rapport au
premier produit, de manière que chacun de ces chiffres occupe un rang de plus sur la gauche, exprimera
80 fois le multiplicande ; 3.° que bien que le troisième produit 191692 soit l'expression de 4 fois le
multiplicande, il devra, étant placé de deux rangs sur la
gauche du premier produit, ou d'un rang sur la gauche du second, exprimer 400 fois le multiplicande ;
4.° qu'après avoir de même placé, de trois rangs sur
la gauche du premier produit, le dernier produit
239615 qui exprime 5 fois le multiplicande, il doit
arriver qu'il représente 5000 fois ce même multiplicande. La récapitulation de ces quatre produits con-
signés dans le nombre total 262905578, doit donc
donner l'expression totale du multiplicande répété
5486 fois. Le but qu'on se proposait est donc rempli,

et la multiplication des deux nombres composés est
parachevée. On voit qu'elle se réduit à *multiplier tout
le multiplicande par chacun des chiffres du multiplicateur (ce qui la ramène toujours à la multiplication
par un seul chiffre), et à placer le premier chiffre de
chaque produit dans la colonne du chiffre multiplicateur.*

D'où il suit que si au lieu de remplir cette dernière
condition, on plaçait le premier chiffre de chaque
produit partiel sous le premier chiffre multiplicateur,
le produit total que l'on obtiendrait ne serait pas le
véritable. L'erreur qu'on aurait commise serait ap-
préciable, car le multiplicande ne se trouverait répété
qu'autant de fois que l'indiquerait la somme des chiffres du multiplicateur. Ainsi, dans l'exemple précédent, on n'aurait en ce cas répété le multiplicande
que 23 fois.

57. On pourrait aussi facilement juger de l'erreur
qui serait résultée d'une toute autre disposition du
premier chiffre des produits partiels ou de l'un d'entr'eux.

58. Lorsque, dans la composition intérieure du
multiplicateur, il se trouve quelques zéros, il devient
entièrement inutile de s'occuper des zéros, puisque
la multiplication ne donnerait d'autres produits que
zéro, et l'on passe de suite à la multiplication par le
premier chiffre significatif qui vient après, en ayant
soin de placer toujours le premier chiffre du produit

4

sous la colonne du chiffre multiplicateur. Cette observation tient aux mêmes principes que nous venons
d'exposer pour le cas général, ou la multiplication des
nombres composés. Un coup-d'œil jeté sur l'exemple
suivant suffit pour avertir de ce qui a été fait dans le
cas supposé :

$$
\begin{array}{r}
\text{Multiplier} \dots\dots\dots\dots \quad 749826 \\
\text{par} \dots\dots\dots\dots\dots\dots \quad 2005 \\
\hline
3749130 \\
1499652 \\
\end{array}
$$

PRODUIT......... 1503401130

59. Un produit change nécessairement de valeur
lorsqu'on altère l'un quelconque de ses facteurs ou
tous les deux à la fois en vertu d'un changement de
même nature. Quelques détails éclairciront ce principe.

1.º Supposons que le multiplicateur devienne deux,
trois, quatre, etc.; etc., fois plus grand, il doit
arriver qu'il faudra répéter deux, trois, quatre, etc.,
etc., fois plus qu'auparavant le même multiplicande;
et puisque le produit exprime toujours le nombre de
fois que celui-ci a été répété, il s'ensuivra que ce produit sera devenu lui-même deux, trois, quatre, etc.,
etc., fois plus grand.

60. Par une raison semblable, le produit doit devenir deux, trois, quatre, etc., etc., fois plus petit

lorsque le multiplicateur devient deux, trois, quatre, etc., etc., fois plus petit. Il est alors évident
qu'il faudrait répéter deux, trois, quatre, etc., etc.,
fois moins qu'auparavant le même multiplicande.

61. 2.º Nous pouvons de même attribuer au multiplicande les changemens précédens, et les conséquences seront absolument les mêmes pour le produit, car nous avons eu soin de faire remarquer cet
axiôme de multiplication, que l'on pouvait indiffé-
remment prendre pour multiplicande le multiplicateur, et tour à tour celui-ci pour le premier sans altérer en rien le produit.

62. 3.º Nous pouvons supposer que les deux facteurs à la fois sont devenus l'un et l'autre un certain
nombre de fois plus grands ou un certain nombre de
fois plus petits ; dans le premier cas, le produit sera
multiplié par le produit des deux nombres par lesquels ont été multipliés les deux facteurs ; dans le second cas, le produit est devenu autant de fois plus
petit que l'indique le produit des deux nombres de
fois qu'ont été rendus plus petits les deux facteurs.

63. Ainsi, supposant dans le premier cas, pour
fixer nos idées, l'un des facteurs devenu 3 fois plus
grand, et l'autre devenu 4 fois plus grand, le produit deviendrait 12 fois plus grand, parce qu'en vertu
du changement opéré sur le premier des facteurs, le
produit est devenu, d'après ce qui a été démontré,
3 fois plus grand, et que le nouveau produit résul-

tant est devenu ensuite 4 fois plus grand par suite du changement survenu dans l'autre facteur. Il est donc arrivé par-là que le produit primitif est devenu 3 fois, 4 fois plus grand, c'est-à-dire, 12 fois plus grand qu'auparavant.

64. Dans le second cas, un raisonnement semblable prouverait que si l'un des facteurs devient 3 fois plus petit et l'autre 4 fois plus petit, le produit doit devenir 12 fois plus petit.

65. Ces changemens qui sont, comme l'on voit, de deux espèces, sont dits les premiers *par voie de multiplication*, et les seconds *par voie de division*, que nous apprendrons à connaître plus particulièrement quand nous traiterons de cette dernière opération.

66. Il suit de là que si l'on faisait éprouver en même temps ou alternativement aux deux facteurs d'un produit, ou à un seul, les mêmes changemens par voie de multiplication et par voie de division, le produit ne cesserait pas d'être le même.

67. Il ne nous reste maintenant pour terminer la théorie de la multiplication, qu'à faire une application des principes précédens à un cas qui se présente fréquemment, et pour lequel on abrége beaucoup le procédé usité dans cette opération. Il s'agit de celui où quelqu'un des facteurs, ou plus généralement tous les deux sont terminés par des zéros. On opère alors sans avoir égard aux zéros, et seulement on en tient compte dans le produit en plaçant à sa droite autant

de zéros qu'il y en avait dans les deux facteurs. Ainsi, par exemple, voulant former le produit de 23000 par 200, on se contenterait de réaliser celui de 23 par 2 et on placerait ensuite à la droite du produit 46 cinq zéros. Le véritable produit serait donc 4600000. La raison de cette pratique est simple. En omettant les trois zéros du premier facteur, nous avons considéré celui-ci comme 1000 fois trop petit, semblablement l'autre facteur a été considéré comme 100 fois trop petit ; le produit de 23 par 2 s'est donc trouvé 100000 fois trop petit, et il a fallu, pour lui restituer sa véritable valeur, le rendre 100000 fois plus grand en plaçant cinq zéros sur sa droite, c'est-à-dire, précisément autant de zéros que nous en avions négligé à la suite des deux facteurs.

DE LA DIVISION.

68. Nous voici arrivés à cette opération de l'arith-métique, qui, pour les commençans, est une sorte d'écueil par suite des divers essais ou tâtonnemens qu'elle entraîne, qu'on ne saurait éviter, mais dont on peut dans bien des circonstances diminuer le nombre, principalement quand on a acquis de l'habitude et un certain exercice du calcul. Présentée dans sa simplicité naturelle, et rapprochée de la soustraction dont nous verrons qu'elle est une modification, comme la multiplication comparée à l'addition, elle n'of-

frira pas plus de difficultés que cette dernière. Elle est en un mot l'opération réciproque de la multiplication. Ainsi, comme dans celle-ci nous nous sommes proposés de former le produit par le moyen des deux facteurs, il faudra, dans la division, chercher l'un des facteurs du produit par la connaissance de ce dernier et de l'autre facteur. On y a aussi pour objet de diviser ou partager un nombre proposé en un certain nombre de parties égales ; c'est ce qui a fait donner à cette opération le nom de *division*.

Le nombre à diviser porte le nom de *dividende ;* celui par lequel on divise prend le nom de *diviseur ,* et on appelle *quotient* le résultat de l'opération , lequel apprend toujours combien de fois le diviseur est contenu dans le dividende (1).

69. Il suit de là *que le diviseur multiplié par le quotient doit reproduire le dividende sans reste.* Cela est vrai tout autant que le dividende est un produit dont les deux facteurs sont le diviseur et le quotient, ce qui n'a pas toujours lieu, et que la table de Pythagore rend sensible. En effet, tous les nombres compris dans cette table sont exactement divisibles par

---

(1) Celui-ci devient aussi , par ce moyen , autant de fois plus petit que l'indique le diviseur , et c'est le quotient qui avertit de ce nombre de fois. Ainsi, par opposition à la multiplication , un nombre est dit deux , trois , quatre , etc. , fois plus petit ou sous-double , sous-triple, sous-quadruple, etc. , etc. , toutes les fois qu'il sera divisé par 2 , ou par 3 , ou par 4.

les nombres de l'une des deux colonnes qui la terminent, et l'on trouve les quotiens correspondans
écrits dans l'autre ; mais si l'on proposait à diviser un
nombre quelconque pris au hasard, tel, par exemple, que le nombre 67, on le chercherait en vain
dans la table, et si le nombre 7 était le diviseur, on
prendrait dans l'une des colonnes et vis-à-vis de ce
facteur le nombre ou produit qui approcherait le plus
de 67, on trouverait 63 et le nombre 9 écrit dans
l'autre colonne ; vis-à-vis du produit serait le quotient, non pas exact puisqu'il y aurait encore un
reste 4. On ne doit donc s'attendre à trouver dans
la table que des nombres divisibles exactement par
quelques-uns des nombres simples, et tout autre nombre pris arbitrairement sera nécessairement compris
dans les précédens, et donnera lieu, après la division, à un reste qui devra être pris en considération
toutes les fois qu'en multipliant le diviseur par le
quotient on voudra reproduire le dividende.

Remarquons en outre que dans ce même cadre
sont renfermés tous les nombres à diviser qui ne doivent donner qu'un seul chiffre au quotient ; car en
prenant le dernier quotient 9, ou le plus grand des
facteurs d'un seul chiffre, on peut au plus le faire
correspondre au plus grand des produits 81.

70. Puisqu'il s'agit de savoir combien de fois l'un des
facteurs est contenu dans le produit, il n'y aura pour
y parvenir qu'à ôter de ce produit le facteur connu

autant de fois que la soustraction pourra s'en effectuer, et le nombre des soustractions employées in-
diquera ou fera connaître l'autre facteur. Ainsi, soit
qu'on se propose, par exemple, de chercher combien
de fois le produit 72 contient le facteur 9, soit qu'il
faille diviser ou partager le nombre 72 en 9 parties
égales, voici comment il faudra procéder en suivant
naturellement l'idée simple que nous nous sommes
formée de cette opération et le type du calcul ci-après :

$$
\begin{array}{lr}
\text{De} \dots \dots & 72 \\
\text{ôtant} \dots \dots & 9 \\
\hline
1.^{er} \text{ reste.} & 63 \\
\text{ôtant} \dots \dots & 9 \\
\hline
2.^{e} \text{ reste.} & 54 \\
\text{ôtant} \dots \dots & 9 \\
\hline
3.^{e} \text{ reste.} & 45 \\
\text{ôtant} \dots \dots & 9 \\
\hline
4.^{e} \text{ reste.} & 36 \\
\text{ôtant} \dots \dots & 9 \\
\hline
5.^{e} \text{ reste.} & 27 \\
\text{ôtant} \dots \dots & 9 \\
\hline
6.^{e} \text{ reste.} & 18 \\
\text{ôtant} \dots \dots & 9 \\
\hline
\end{array}
$$

7.ᵉ reste. 9
ôtant..... 9
                ___
8.ᵉ reste. 0
                ___

Le nombre des restes étant égal au nombre des soustractions, et le dernier reste étant nul, il s'ensuit que le nombre 9 est contenu 8 fois dans 72 ; c'est ce que vérifie la table de multiplication.

71. Nous pouvions, sans contredit, nous dispenser de l'opération précédente, puisque les nombres proposés se trouvent renfermés dans la table de Pythagore, qui, comme l'on voit, est par son usage tout aussi bien une table de division que de multiplication. Nous n'avons voulu en cela prouver autre chose, sinon que la division n'est point une opération différente de la soustraction.

72. Maintenant, pour agrandir nos conceptions en vertu de ce rapprochement, et sans changer de principe, nous supposerons que l'on veuille diviser le nombre 120 par le nombre 24, il est clair qu'en procédant comme ci-avant on aura le type du calcul suivant :

De........ 120
ôtant.....   24
                 ___
1.ᵉʳ reste. 96
ôtant.....   24
                 ___

2.ᵉ reste..	72
ôtant.....	24
3.ᵉ reste..	48
ôtant.....	24
4.ᵉ reste..	24
ôtant.....	24
5.ᵉ reste..	o

et on trouvera pour quotient 5 , puisqu'il y a 5 restes (dont un nul) ou 5 soustractions.

73. Il est aisé d'observer que dans le premier des exemples précédens , il a fallu 8 soustractions pour obtenir le quotient et 5 dans le second ; en général , l'opération sera d'autant plus longue que le diviseur sera plus petit , le dividende restant le même. Cela se conçoit, car alors le diviseur sera contenu plus de fois dans le dividende. Nous allons tâcher de resserrer les limites du procédé.

Que l'on veuille diviser, par exemple , 1872 par 8 , on pourra concevoir le dividende décomposé comme suit : 1.º en 18 centaines ou 1800 ; 2.º 7 dixaines ou 70 ; 3.º 2 unités, et on observera qu'en cherchant par les moyens que nous connaissons déjà combien de fois 8 unités sont contenues dans le dividende partiel 18 , considéré comme 18 unités, on trouvera qu'elles y sont deux (2) fois avec un reste 2 , mais comme il s'agit de 18 centaines et non de 18 unités , il est visible que les 8 unités seront contenues 200 fois dans les 18 centaines , et qu'il y aura un reste de 2 centaines ou 20 dixaines , qui , réunies aux 7 dixaines du dividende ou à tout le dividende restant, formera le nombre 272 qu'il faudra diviser de nouveau. Ainsi on aura pour premier quotient partiel 200 , et pour premier reste du dividende 272 ou 27 dixaines et 2 unités.

Ensuite il est clair par suite d'une raison analogue, que 27 dixaines contiendront 8 unités 10 fois plus que 27 unités , et comme le quotient de 27 unités par 8 est 3 , avec un reste 3 , il s'ensuivra que le quotient de 27 dixaines par 8 sera 30 avec un reste 3 dixaines ou 30 , de sorte que le dividende restant ne sera plus que 32 ; la seconde opération donne donc 30 pour deuxième quotient partiel avec le reste 32.

Enfin ce reste 32 ou 32 unités étant pris pour dividende, renfermera le diviseur 8, 4 fois exactement, car en retranchant le produit 32 de ces deux nombres du dividende restant , le reste est nul.

Récapitulons maintenant ce qui a été fait : une première opération a donné 2 centaines, ou 200 pour quotient partiel avec un reste 200 ou plutôt avec un dividende restant , 272.

La seconde a produit 3 dixaines ou 30 pour quo-

tient relatif, et 3o pour reste ou pour dividende restant, 32.

De la troisième il est résulté 4 pour quotient relatif avec un reste nul.

Le quotient total est donc 234, en réunissant les
nombres 200, 3o et 4, trouvés pour quotiens partiels.

Nos observations ont réduit à trois le nombre des
soustractions, et il y a un avantage réel à procéder
comme nous venons de le faire.

74. La disposition suivante est l'image des trois
opérations que nous venons d'exécuter.

	1872	8	
	1600		
	———	200	1.er quotient partiel.
1.er reste de dividende.	272	3o	2.e quotient partiel.
	240	4	3.e quotient partiel.
2.e reste.................	32	234	quotient total.
	32		
3.e reste.................	0		

Ce type de calcul, susceptible encore de simplifi-
cation, met en évidence le diviseur contenu dans le
dividende 200 fois par la première considération, 3o
fois par la seconde et 4 fois par la troisième ; il n'y a
donc pas le moindre doute que le diviseur ne soit contenu en totalité dans le dividende 234 fois, ce qui
est pour ce cas l'expression même du quotient total.

75. C'est ici le lieu de rapprocher le procédé que

nous venons d'indiquer de celui que nous avons employé pour la multiplication. Dans celle-ci nous composions le produit total de produits partiels rangés de manière que le premier chiffre de l'un d'eux fût placé sur la gauche de celui du précédent. Dans celle-là, au contraire, tous les quotiens partiels étant disposés de façon que le premier chiffre de l'un d'eux soit d'un rang avancé sur la droite du premier chiffre de celui qui le précède, concourent à former le quotient total.

76. On peut encore abréger ce même procédé. Il est visible, en effet, qu'on serait parvenu au quotient total sans écrire les uns au-dessous des autres tous les divers quotiens partiels, et qu'il suffirait d'écrire à la suite les uns des autres les chiffres du quotient dans l'ordre de leur détermination qui peut évidemment se faire comme pour trouver le chiffre des unités, ce qui suppose qu'on n'a qu'à considérer, en ce cas, les dividendes partiels comme des nombres, n'exprimant que des unités ; on voit par-là que l'analyse de l'opération qui nous occupe est dans la détermination d'un seul chiffre, comme la multiplication consistait essentiellement dans la multiplication par un seul chiffre. Voici donc comment on peut écrire plus simplement le tableau du procédé :

$$
\begin{array}{c|c}
1872 & 8 \\
16 & \overline{234} \\
\hline
272 & \\
24 & \\
\hline
32 & \\
32 & \\
\hline
0 &
\end{array}
$$

De là la règle suivante à laquelle maintenant on peut s'abandonner sûrement :

« (1) Pour diviser un nombre quelconque, par
» un nombre composé d'un seul chiffre, il faut pren-
» dre sur la gauche du dividende autant de chiffres
» qu'il en faut pour contenir le diviseur qui sera
» placé sur la droite du dividende et que l'on en sé-
» parera par un trait. On cherchera combien de fois
» cette partie à gauche contient le diviseur, ou autre-
» ment, on divisera cette partie du dividende par le
» diviseur ; on placera le quotient, ou plutôt le chif-
» fre du quotient au-dessous du diviseur ; on multi-
» pliera le diviseur par le chiffre du quotient et on
» retranchera le produit de la partie à gauche du di-
» vidende ; ce qui donnera un reste ; à côté de ce
» reste on abaissera le chiffre suivant pour composer

---

(1) Cet énoncé paraît long au premier aperçu, mais sa lecture suffit seule pour convaincre de sa simplicité. Ce n'est que la répétition d'un même procédé, et la mémoire s'en trouve fort soulagée.

» un nouveau dividende ; on cherchera encore , par
» les mêmes moyens , combien de fois celui-ci doit
» contenir le diviseur ; on placera de même le chif-
» fre déterminé , à la droite de celui déjà trouvé au
» quotient ; on retranchera le produit du diviseur
» par ce nouveau chiffre du quotient , du dividende
» partiel ; l'on continuera de même à abaisser suc-
» cessivement , à côté du reste , les chiffres suivans du
» dividende , et la répétition du même procédé jus-
» qu'à l'emploi total de tous les chiffres du divi-
» dende » ,

77. La détermination de tous les chiffres du quotient
implique nécessairement la soustraction ; c'est aussi
pour cette raison que la division est appelée une soustraction abrégée.

78. En envisageant la division sous le rapport
inverse de la multiplication , on retrouve encore la
règle précédente qui , par là , acquerra de plus en
plus de la confirmation : pour cela , nous reprendrons
l'exemple précédent où il s'agissait de diviser 1872
par 8 , et nous observerons que toute la question se
réduira à trouver un nombre dont les unités, les dixaines et les centaines multipliées par le diviseur 8 ,
donne le dividende 1872 ; or il est visible que ce
nombre inconnu , qui est le quotient , ne peut admettre de chiffre d'un ordre plus élevé que celui des
centaines ; car le plus petit nombre des mille que
l'on puisse y supposer est 1 , qui , multiplié par le

diviseur 8, produirait 8000, nombre évidemment plus
fort que 1000 que l'on voit que le dividende renferme ;
il ne peut renfermer *à fortiori* des dixaines de mille,
car, si cela était, le chiffre admis dans cet ordre au
quotient étant multiplié par le diviseur, devrait pro-
duire des dixaines de mille, tandis qu'il ne contient
tout au plus que 1 mille. Ce chiffre, considéré dans
l'ordre des mille du dividende, ne peut donc résulter
que de quelque retenue qui provient de la multiplication du diviseur 8 par les centaines du quotient.

Le chiffre des centaines du quotient doit donc être
tel, qu'en le multipliant par le diviseur 8, on aie
pour produit 18 ou le multiple de 8 le plus approchant de 18 à cause des retenues qu'a pu fournir la
multiplication par 8 des autres chiffres du diviseur,
et qui se sont combinées ou confondues avec le produit des centaines par 8. Le nombre qui remplit cette
condition est 2 ; mais 2 centaines multipliées par 8
donnent 16 centaines, et le dividende en contient 18 ;
il y a donc 2 de reste dû aux retenues dont nous
venons de parler. En retranchant maintenant le produit partiel 18 centaines du nombre de centaines,
correspondant dans le dividende, le reste 272 contiendra les produits des unités et dixaines du quotient
par 8 et la suite de l'opération consistera encore à
trouver un nombre qui, multiplié par 8, donne
272, ce qui est une question absolument semblable
à celle que nous nous sommes proposée. Ainsi, lors-

qu'on aura trouvé le premier chiffre du quotient, on
le multipliera par le diviseur; et retranchant ce produit partiel du produit total, on aura pour reste un
nouveau dividende sur lequel on opérera comme sur
le précédent, et ainsi de suite jusqu'à ce que le dividende primitif soit épuisé entièrement.

C'est la vérification de la règle prescrite ci-avant
qui ne change rien à la disposition du calcul.

79. Dans la pratique de la division, il est inutile
d'écrire le produit du diviseur par le chiffre trouvé
au quotient pour le retrancher ensuite du dividende
partiel; il suffit, en formant ce produit, d'en retrancher successivement les parties de celles qui composent respectivement le dividende partiel. Ainsi, dans
l'exemple précédent, on dira, 1.° pour le chiffre 2
du quotient, 2 fois 8 font 16, nombre qui, retranché de 18, donne 2, et on écrira ce reste à côté du-
quel on abaissera le chiffre 7 du dividende pour conclure le second chiffre 3 du quotient; 2.° pour essayer
ce second chiffre, on formera le produit de 8 par 3
ou 24 que l'on retranchera en même temps du dividende 27; 3.° à côté du reste 3, ayant abaissé le
dernier chiffre 2 du dividende pour trouver le dernier
chiffre 4 du quotient, on formera le produit 32 en
multipliant le diviseur par ce chiffre, et ce nombre
que l'on n'écrit pas plus que les précédens, étant retranché du dividende 32, donne zéro pour reste. De

là résulte le tableau plus restreint de l'opération dans l'exemple dont il est question.

$$\begin{array}{r|l} 1872 & 8 \\ 27 & \overline{234} \\ 32 & \\ \hline 0 & \end{array}$$

Remarquons ici que toutes les fois qu'un nombre quelconque devra être divisé par l'un quelconque des nombres simples. (1) 2, 3, 4, 5, 6, 7, 8, 9, on pourra se dispenser d'encadrer l'opération et d'écrire même le diviseur ; car tout se réduira à prendre, ou la moitié, ou le tiers, ou le quart, ou le cinquième ou le sixième, ou le septième, ou le huitième ou enfin le neuvième du nombre à diviser. Voici donc comme l'on aurait pu abréger le procédé de l'exemple ci-dessus, en disant :

1.º Le 8.ᵉ de 18 est 2 pour 16, reste 2.

2.º Le 8.ᵉ de 27 est 3 pour 24, reste 3.

3.º Le 8.ᵉ de 32 est 4 pour 32, reste 0.

Le nombre proposé est donc exactement divisible par 8.

Cette conséquence cesserait d'avoir lieu s'il y avait

---

(1) Le nombre 1 ne peut y être compris, puisqu'un tel diviseur conduit à un quotient toujours égal au dividende D'ailleurs tout nombre peut se diviser par l'unité, comme se multiplier par l'unité en donnant pour résultat ce même nombre.

un reste, comme dans l'exemple suivant où il s'agit de diviser 1875 par 8.

En effet, on trouverait :

Pour 8.ᵉ de 1875, ou pour quotient, 234 et 3 de reste.

80. Lorsque la division ne peut avoir lieu, au moins exactement en nombre entier, comme dans le cas que nous venons de citer, on se contente quelquefois d'écrire le reste au-dessus du diviseur et de séparer ces deux nombres par un trait : ainsi, l'on aurait ici pour quotient $234\frac{3}{8}$, ce dernier nombre $\frac{3}{8}$ qui accompagne le quotient entier 234, et qui est aussi le symbole d'un quotient que l'on n'a pu réaliser, rentre dans une classe de nombres que l'on nomme *fractions* et que nous ne considérerons point ici, leur théorie un peu plus délicate surpassant les bornes que nous nous sommes prescrites.

81. Il est encore à observer que, si dans le cours de la division, et après avoir abaissé le chiffre du dividende, il arrivait que celui-ci ne contînt pas le diviseur, il faudrait, en ce cas, mettre un 0 au quotient pour remplir la place de l'ordre du chiffre qui manque ; car une telle hypothèse supposerait que le quotient ne doit pas contenir de chiffre de l'ordre indiqué par le dividende, et que le nombre que celui-ci exprime vient des produits du diviseur par les chiffres

des ordres inférieurs du quotient ; c'est ce que met
en évidence l'exemple suivant :

$$\begin{array}{c|c} 1535 & 5 \\ 35 & \overline{} \\ 0 & 307 \end{array}$$

$\Big\{$ Ce qui se réduit encore, si l'on veut,
à prendre le 5.ᵉ de 1535, et donne pour
quotient le même nombre 307.

En effet, la division des 15 centaines du dividende
par le diviseur, ne laissant aucun reste, les dixaines
3 qui forment le second dividende partiel ne peuvent
contenir le diviseur. Il en résulte que le quotient ne
doit point avoir de dixaines et qu'il faut par conséquent en remplir la place par un 0 pour donner au
premier chiffre du quotient la valeur qu'il doit avoir
relativement aux autres ; puis abaissant le dernier
chiffre du dividende, on forme un troisième dividende partiel qui, divisé par 5 donne 7 pour dernier
chiffre du quotient qui, par là, se trouve 307.

82. Tout ce que nous avions à dire sur la division
des nombres quelconques, par un nombre simple,
est renfermé dans ce qui précède et s'applique également au cas le plus général, celui où le dividende
et le diviseur sont deux nombres composés quelconques. C'est ce que nous allons examiner plus particulièrement en nous proposant de diviser, par exemple, le nombre 57981 par 251. Voici le raisonnement qui doit nous y conduire :

Il est visible, d'abord, que le quotient ne peut
admettre de chiffres au-delà des centaines, puisque,

s'il avait seulement des mille , le dividende contien-
drait des centaines de mille , ce qui n'a pas lieu. Ensuite ce chiffre des centaines doit être tel que , multiplié par 251 , il doit donner pour produit 579 ou
le multiple de 251 le plus approchant de 579 , mais
moindre que ce nombre , restriction nécessaire à cause
des retenues qu'a pu fournir la multiplication des
autres chiffres du quotient par le diviseur. Le nombre
qui remplit cette condition est 2 ; mais 2 centaines ,
multipliées par 251 , font 502 centaines , et le dividende en contient 579 ; la différence 77 centaines provient donc des retenues résultantes de la multiplication
des deux derniers chiffres du quotient par le diviseur.

Si maintenant on retranche le produit partiel 502
centaines ou 50200 du produit total 57981 , le reste
7781 contiendra les produits des deux derniers chiffres du quotient par le diviseur , et tout se réduira
encore à trouver un nombre qui , multiplié par 251 ,
donne pour produit 7781 ; ainsi se reproduira la
question proposée dont la solution est dans ce qui
vient d'être dit , c'est-à-dire , que l'on continuera le
même procédé jusqu'à ce que le dividende soit entièrement employé.

83. En général , avant d'entreprendre la division
de deux nombres composés l'un par l'autre , il faut
toujours , pour obtenir le premier chiffre du quotient ,
séparer sur la gauche du dividende assez de chiffres
pour que le nombre qu'ils expriment puisse contenir

le diviseur et effectuer cette division partielle comme
à l'ordinaire, ou comme s'il s'agissait de déterminer le
dernier chiffre du quotient.

La disposition de l'opération et des calculs qu'elle
nécessite se trouve dans ce qui suit :

$$
\begin{array}{c|l}
57981 & 251 \\
778 & \overline{} \\
251 & 231 \\
\end{array}
$$

o

On prend les trois premiers chiffres, à gauche du
dividende, pour former le premier dividende partiel ;
on le divise par le diviseur ; on écrit au quotient le
nombre 2 qui en résulte ; on multiplie le diviseur par
ce nombre ; on écrit le produit 502 sous le dividende
partiel 579 ; la soustraction étant faite à côté du
reste 7, on abaisse les dixaines 8 du dividende ; on
divise ce nouveau dividende partiel par le diviseur ;
on obtient 3 pour le second chiffre du quotient ; on
multiplie le produit du diviseur par ce nombre ; on
retranche le produit 753 du dividende partiel correspondant ; à côté du reste 25 on abaisse le dernier
chiffre 1 du dividende ; enfin le dernier dividende
partiel 251, égal au diviseur, donne 1 pour dernier
chiffre du quotient sans reste.

Il est facile de reconnaître à cet exposé littérale-
ment celui de la règle que nous avons apprise pour
le cas de la division par un nombre simple ; seulement on s'aperçoit que pour deux nombres composés

il faut commencer avant l'exécution de la règle par séparer sur la gauche du dividende autant de chiffres qu'il est nécessaire pour que ce dividende partiel contienne le diviseur. Mais on voit toujours que dans tous les cas la division se réduit à la détermination successive d'un seul chiffre au quotient, qui devra en renfermer autant qu'on aura formé de dividendes partiels, et que chacun de ces chiffres s'obtient comme si le quotient ne devait être composé que d'un seul. Il en est donc encore de la division comme de la multiplication et des autres opérations antécédentes qui s'effectuent., d'après la décomposition sur un seul chiffre.

84. Lorsque le diviseur renferme plusieurs chiffres, on peut trouver quelques difficultés à reconnaître combien de fois ce nombre est contenu dans les dividendes partiels. L'exemple suivant est destiné à montrer comment on y parvient :

$$
\begin{array}{r|l}
423405 & 485 \\
3550 & \\
\cline{2-2}
1455 & 873 \\
\hline
0 &
\end{array}
$$

Il faut, d'abord, prendre quatre chiffres sur la gauche du dividende pour former un nombre qui puisse renfermer le diviseur, et alors on ne voit pas tout de suite combien de fois 4234 peuvent contenir 485 ; pour s'aider dans cette recherche, on observera que ce diviseur est compris entre 400 et 500, et que s'il était exactement l'un ou l'autre de ces nombres, la question serait réduite à trouver combien de fois 4 centaines ou 5 centaines sont contenues dans les 42 centaines du nombre 4234, ou bien, ce qui revient au même, combien de fois les nombres 4 ou 5 sont contenus dans 42 ; on a pour le premier 10 et pour le second 8 ; c'est donc entre ceux-ci que se trouve le quotient cherché. On voit d'abord qu'il n'est pas possible d'employer 10 (et on ne peut jamais mettre plus de 9 à la fois au quotient), car cela supposerait que les chiffres d'un ordre supérieur aux centaines du dividende, peuvent contenir le diviseur, ce qui n'est pas ; il ne reste donc qu'à essayer lequel des deux nombres 9 ou 8 employé comme multiplicateur de 485, donne un produit qu'on puisse retrancher de 4234, et on trouve que c'est 8 ; c'est donc là le premier chiffre du quotient ; en retranchant du dividende partiel le produit du diviseur multiplié par 8, on a pour reste 354 ; abaissant ensuite le o des dixaines du dividende, on forme un second dividende partiel, sur lequel on opère comme sur le précédent, et ainsi des autres.

85. Tant qu'on s'abandonne aveuglément aux essais successifs qu'exige la recherche d'un chiffre du quotient, on ne peut jamais être exposé à trouver ce chiffre trop faible, puisque sa diminution n'a lieu que d'unité en unité simple, ou successivement de 1 jus-

qu'à ce qu'on soit parvenu à un chiffre qui, multiplié par le diviseur, donne un produit moindre que
le dividende partiel pour pouvoir en être retranché.
Mais il arrive aussi quelquefois que par suite de la
lenteur qu'entraîne inévitablement cette diminution
répétée, on préfère, pour abréger le nombre des essais,
diminuer à la fois de 2 ou 3 le chiffre du quotient,
qui, par là, peut bien aussi devenir trop faible; pour
reconnaître cette circonstance, on n'aura qu'à examiner si, après avoir retranché du dividende partiel le
produit du diviseur par le chiffre trouvé au quotient, le reste est plus fort que le diviseur, ou lui est
au moins égal. Dans l'un comme dans l'autre cas le
dividende contiendra encore au moins une fois de plus
le diviseur; de sorte que le chiffre essayé devra être
augmenté de 1 (1).

_____

(1) On peut diminuer de beaucoup le tâtonnement que nécessite le
procédé de la division, et qui augmente à mesure que le dividende et
le diviseur ont plus de chiffres, et que les chiffres de la gauche du diviseur sont plus petits par rapport aux autres. Voici le moyen qu'on
peut toujours employer, et que l'exemple suivant éclairera parfaite-
ment :

EXEMPLE : Diviser 9639475 par 2789.

D'après le précepte général de la division, on doit prendre sur la
gauche du dividende assez de chiffres pour que le nombre qu'ils composent puisse contenir le diviseur : ainsi, on prendra les quatre premiers chiffres du dividende, et divisant 9639 par 2789, en cherchant
combien de fois le premier chiffre 9 contient le premier chiffre 2, on
trouvera 4 pour quotient. Il s'agit maintenant de s'assurer, par tout
autre moyen d'épreuve que ceux indiqués, si ce chiffre 4 vérifie la con-

Quant au reste de l'opération, il s'effectuerait d'a-près la règle ordinaire, en prévenant le nombre des essais ou en le diminuant autant qu'il est possible d'après ce qui a été observé ci-avant.

Voilà tout ce que peut supposer la pratique de la division, que l'on acquerra d'autant plus que l'on en multipliera davantage les exemples, cette opération ayant besoin d'un certain exercice pour être effectuée promptement.

86. Il est utile de connaître les changemens qu'é-

---

dition, c'est-à-dire, si 4 doit être en effet le premier chiffre du quo-tient, ou s'il n'en faut pas prendre un plus petit. Pour cela on multi-pliera le diviseur 2789 par 4, et, au lieu de faire cette opération à l'ordinaire, on commencera, au contraire, par le chiffre de plus haut rang, et on essayera de retrancher dans le même ordre du dividende le produit à mesure qu'on le formera. Tout cela s'exécutera sans rien écrire, en disant : 4 fois 2 font 8; 8 ôté de 9, reste 1 qui, joint au second chiffre 6 du dividende, fait 16; 4 fois 7 font 28; mais 28 ne peut être ôté de 16, d'où il faut conclure que le chiffre 4 est trop grand, et que c'est tout au plus 3 qu'il faut mettre au quotient.

Avant que d'écrire 3 on le soumettra à la même épreuve, en disant : 3 fois 2 font 6; 6 ôté de 9, reste 3; dès qu'on trouve un reste aussi grand ou plus grand que le chiffre qu'on éprouve, c'est un signe certain que ce chiffre peut être écrit au quotient. En effet, il est clair (et il en sera de même dans tous les autres cas) que 3639, qui est le dividende après avoir ôté du premier chiffre 9 le produit du chiffre correspondant 2 dans le diviseur multiplié par 3, contient 3 fois le nombre 789; car 3 mille valent 30 centaines qui contiennent 3 fois 7 centaines avec un reste 9 centaines; ces 9 centaines valent 90 dixaines qui contien-nent 3 fois 8 dixaines ou 24 dixaines, avec un reste 18 dixaines ou 180 qui contient évidemment 3 fois 9 ou 27, avec un reste; d'où il résulte qu'à plus forte raison le nombre 3639 contient 3 fois le nombre 789; on peut donc en toute certitude mettre 3 au quotient.

prouve un quotient quand on altère le dividende ou le diviseur, ou tous les deux à la fois, par voie de multiplication et de division. La considération seule du dividende pris comme un produit dont le diviseur et le quotient sont les facteurs, suffit pour expliquer tous ces changemens.

En effet, supposons, 1° le dividende devenu 4 fois plus grand isolément, il faut que l'un de ses deux facteurs soit devenu également 4 fois plus grand, ce qui exige que ce facteur soit le quotient, puisque par hypothèse le diviseur n'a pas changé ; 2.° le diviseur devenu seul 4 fois plus grand, le quotient doit devenir 4 fois moindre, car le produit de ces deux nombres ou le dividende lui-même, ne doit pas changer ; 3.° le dividende et le diviseur, devenus à la fois 4 fois plus grands, le quotient doit rester le même, puisqu'en vertu des deux changemens précédens il devient d'un côté 4 fois plus grand, et de l'autre 4 fois plus petit. *En général, on peut multiplier le dividende et le diviseur par un même nombre sans changer en rien le quotient.* Tels sont les changemens par voie de multiplication, et en y substituant le mot de *moindre* ou *plus petit* à celui de plus grand, et réciproquement, on obtiendra les changemens inverses par voie de division, et l'on pourra encore déduire cette conséquence qui aura ses applications dans la pratique de la division : c'est *qu'en général on peut diviser le dividende et le diviseur par un même nombre, sans troubler le quotient* (1).

87. On peut, dans certaines circonstances particulières, mettre à profit quelques-uns de ces changemens.

En effet, lorsque le dividende étant suivi d'un certain nombre de zéros, le diviseur se trouve contenu exactement dans la partie composée des chiffres significatifs, comme dans l'exemple suivant :

Diviser 288000 *par* 12.

On pourrait, en ce cas, omettre les zéros du dividende, et après avoir effectué la division de 288 par 12, ce qui donnerait 24 pour quotient, il resterait à placer à la droite de celui-ci les trois zéros négligés. Le vrai quotient serait donc 24000. Il est clair que cette omission des trois zéros a dû rendre le dividende, et par suite le quotient 1000 fois trop petit, et qu'il a fallu restituer à ce dernier sa valeur primitive par le moyen des trois zéros placés à sa droite.

Mais il est encore un cas qui a d'aussi fréquentes

---

(1) On peut aussi trouver dans la division elle-même la preuve des changemens précédens; pour cela il suffit de se rappeler que le quotient exprime en général combien de fois le diviseur est contenu dans le dividende; on trouve en effet, alors, pour le premier cas supposé, que le même diviseur doit être contenu 4 fois plus qu'auparavant dans le dividende, et, pour le second, que le diviseur doit être contenu 4 fois moins qu'auparavant dans le même dividende; ceci explique facilement tous les autres cas.

applications ; il s'agit de celui où le dividende et le diviseur, sans aucune distinction, sont terminés en même temps par des zéros. On facilite et on simplifie alors beaucoup l'opération, en supprimant à la droite des deux nombres une même quantité de zéros ; on conçoit que par ce moyen il n'a été rien changé au quotient que l'on cherche, puisque, par une égale suppression de zéros de part et d'autre, on a divisé le dividende et le diviseur par un même nombre.

Que l'on aie, par exemple, 224000 à diviser par 200 ; le quotient cherché sera encore le même si l'on divise 2240 par 2 ; il sera donc bientôt trouvé puisqu'il suffira de prendre la moitié de 2240, c'est-à-dire, qu'on aura pour résultat 1120.

DES DÉCIMALES.

88. La pratique de la division nous conduit à un fait très-remarquable, puisqu'il va nous fournir le sujet de considérer une nouvelle espèce de nombres autres que ceux qui nous ont occupés jusqu'à présent. Nous voulons parler des *décimales*.

89. Si l'on divise un nombre entier quelconque par l'unité simple ou par 1 suivi d'autant de zéros que l'on voudra, il en résultera au quotient tous les chiffres du dividende, à l'exception du dernier, si le diviseur n'a qu'un zéro, ou tous les chiffres du dividende, à l'exception des deux derniers, si le diviseur

est terminé par deux zéros, ou tous les chiffres du dividende, excepté les trois derniers, si le diviseur est terminé par trois zéros, ainsi de suite.

On pourrait donc se dispenser d'effectuer une telle division, puisqu'il suffirait de séparer la partie entière du dividende qui constitue le quotient d'autant de chiffres de la droite qu'il y a de zéros, à celle du diviseur, lesquels chiffres d'ailleurs composent les restes de la division qu'il s'agit de considérer et d'utiliser.

90. Nous conviendrons ici, comme l'usage l'a consacré, d'une virgule qui établira cette séparation, ou comme nous le verrons bientôt, la distinction des nombres entiers et des parties décimales. Ainsi, par exemple, si nous avions à diviser 798245 par 1000, nous écririons sur le champ 798,245.

Mais en divisant un nombre entier par 10, 100, 1000, etc., etc., on rend ce nombre dix, cent, mille, etc., etc., fois plus petit ; donc par le seul déplacement de la virgule, on pourra opérer ces changemens sur le nombre lui-même. Voilà pourquoi en déplaçant la virgule d'un rang, en allant de droite à gauche, de deux rangs, de trois rangs, etc., etc., le nombre entier devient dix, cent, mille, etc., fois plus petit, de même qu'en la faisant marcher dans le sens contraire, par les mêmes gradations, le nombre devient dix, cent, mille, etc., fois plus grand.

91. Il est donc constant que cette virgule placée avant le dernier chiffre du nombre, en allant de droite

à gauche , en détache des unités dix fois plus petites
que les unités entières ou les unités simples ; on les désigne pour cette raison sous le nom de *dixièmes*. Elles
sont en même temps les premières unités décimales et
les plus grandes. Placée avant le pénultième chiffre ,
elle détermine de nouvelles unités dix fois plus petites
que les précédentes , et conséquemment cent fois plus
petites que les unités entières ; on nomme *centièmes* ces
secondes unités décimales. Les troisièmes qui sont
indiquées par la virgule placée avant l'anté-pénultiè-
me , sur la droite du nombre , sont appelées *millièmes ;*
les quatrièmes occupant , par le moyen de la virgule
qui les précède , le quatrième rang après les unités
simples (toujours dans le sens de droite à gauche) ,
sont dites *dix-millièmes ;* les cinquièmes ou les décimales de cinquième ordre sont appelées *cent millièmes*.
On continue à appeler *millionièmes, dix-millionièmes,
cent millionièmes,* et ainsi de suite les parties décimales
suivantes , et énoncées d'après le numéro de leur ordre.

92. Telle est donc la puissance des décimales qui,
comme l'on voit , sont des parties de l'unité entière ,
de dix en dix fois plus petites que cette unité, qu'on
peut pousser aussi loin qu'on voudra leur nombre ,
ou pour mieux dire , l'approximation vers l'unité entière. Quelquefois cette approximation a des bornes , et souvent elle est interminable et même pé-
riodique ; ces circonstances tiennent à des considérations que nous ne développerons point ici , parce

qu'elles supposent des connaissances plus tardives ;
seulement nous nous contenterons de donner un cas
d'approximation, et le premier qu'on rencontre dans
les calculs simples et élémentaires. Voici en quoi il
consiste.

Après avoir épuisé dans une divison les unités entières du dividende, pour parvenir à celles du quotient, on peut donner suite à l'opération par le moyen
du reste, en le rendant successivement dix, cent,
mille, etc., etc., fois plus grand, ou en mettant à
sa droite, un, deux, trois, etc., etc., zéros, mais on
doit compter alors les unités obtenues successivement
au quotient pour des dixièmes, ou pour des centièmes, ou pour des millièmes, etc., etc., en séparant
de la droite du quotient, par une virgule, un, deux,
trois, etc., chiffres (1).

93. Un semblable quotient, borné aux unités entières, est dit *à moins d'une unité près* ; arrêté aux
dixièmes, il est dit *à moins d'un dixième près ;* arrêté
aux centièmes, il est dit, *à moins d'un centième près,*
et ainsi de suite. Voilà une première idée de l'in-
fluence des décimales, et les avantages qu'on en retire
sont trop importans pour ne pas occuper spécialement notre attention.

---

(1) Le reste que nous avons vu mettre quelquefois sous la forme d'une
fraction, est remplacé avantageusement par la quantité décimale que
l'on détermine au quotient, et qui en est l'expression plus facile à juger,
comme de sa valeur.

94. Puisque l'ordre de subordination des unités ou parties décimales est absolument le même que celui qui règne parmi les unités de divers ordres des nombres entiers dont nous venons de voir qu'elles sont, en quelque sorte la continuation, il est facile de concevoir qu'on peut opérer sur cette espèce de nombres comme sur les nombres entiers, c'est-à-dire, qu'on peut les ajouter, les soustraire, les multiplier et les diviser.

95. Toutefois, avant de passer à ces quatre opérations, nous ferons deux observations utiles. La première a pour objet d'énoncer et d'écrire une quantité décimale; la seconde suppose que l'on peut, sans en changer la valeur, placer ou supprimer tel nombre de zéros que l'on voudra sur la droite d'une quantité décimale.

Et, d'abord, pour mieux fixer nos idées, supposons qu'il faille énoncer le nombre décimal 3,945; on peut énoncer naturellement, non sans quelque longueur, chaque chiffre avec l'indication de l'unité qu'il représente, de façon que le nombre proposé renferme 3 unités entières, 9 dixièmes 4 centièmes et 5 millièmes; mais si l'on fait attention que les 9 dixièmes évalués en millièmes en expriment 900, et que les 4 centièmes évalués aussi en millièmes en donnent 40, et qu'il y aura conséquemment en total 945 millièmes, on pourra énoncer plus brièvement le nombre proposé, en énonçant d'abord, comme

6

c'est d'usage, le nombre des unités entières, puis tout le nombre décimal, comme s'il était un nombre entier, mais en donnant à la fin le nom des unités décimales de la dernière espèce.

Quand on sait énoncer une quantité décimale, rien n'est plus facile que de l'écrire ; en effet, on n'a qu'à écrire tout le nombre entier et décimal comme si le total était un nombre entier seulement ; ensuite on place la virgule de droite à gauche d'autant de rangs qu'il est nécessaire pour faire occuper au dernier chiffre la place des unités décimales que suppose le nombre proposé. Ainsi, s'agissant du nombre précédent que l'on énonce en disant : 3 unités et 945 millièmes ; il faudrait écrire le nombre 3945 et faire passer la virgule en allant de droite à gauche après le chiffre 9, pour y faire occuper au chiffre 5 la place des millièmes, ce qui donnerait :

$$3,945.$$

Nous ajouterons à ce qui précède, que si quelqu'une des diverses espèces d'unités venait à manquer, il faudrait avoir soin de placer un zéro pour en tenir lieu. On écrirait donc, par exemple, 45 millièmes comme il suit : 0,045.

En second lieu, si l'on avait, par exemple, le nombre décimal 0,23, il équivaudrait ou à 0,230, ou à 0,2300, ou à 0,23000, etc.

Il est indifférent, en effet, d'avoir 0,23 ou 0,230 ; car si le premier de ces deux nombres renferme dix

fois moins de parties décimales que le second, celui-
ci en renfermera qui seront dix fois plus petits pour
rétablir la compensation ; la même conséquence aurait lieu en comparant 0,23 à 0,2300 et à 0,23000,
etc., etc. ; peu importe donc la considération des divers états du nombre décimal suivi d'autant de zéros
que l'on voudra. Donc, aussi, soit que l'on mette,
soit que l'on supprime à la droite d'un nombre décimal un nombre quelconque de zéros, il en résultera
toujours un nombre de même valeur.

DE L'ADDITION DES NOMBRES DÉCIMAUX.

96. Cette opération exige, comme celle que l'on
fait sur les nombres entiers, une disposition préala-
ble des nombres que l'on se propose d'ajouter, c'est-
à-dire, que l'on place respectivement les unités entières, les dixièmes, les centièmes, etc., etc., en un
mot, les unités d'une même espèce dans une même
colonne ; ensuite on procède à l'addition comme s'il
s'agissait de nombres entiers, avec cette différence
qu'il faut avoir soin de fixer dans la somme la virgule après le chiffre qui correspond aussitôt après aux
unités entières. La disposition des unités respectives
les unes au-dessus des autres est donc ici très-essen-
tielle pour prévenir des erreurs. Nous ne prendrons
qu'un seul exemple que nous regarderons comme
suffisant dans l'application de la règle.

97. Qu'il s'agisse d'ajouter les nombres suivans :

79,408 | 2,00845 | 0,2 | 3481,79 |
0,430007 | 234905,2 | 0,74300825 |

Voici la disposition de l'opération et le type du calcul qui est du ressort des yeux.

$$79,408$$
$$2,00845$$
$$0,2$$
$$3481,79$$
$$0,430007$$
$$234905,2$$
$$0,74300825$$

$$\overline{238469,77946525} \text{ SOMME TOTALE.}$$

DE LA SOUSTRACTION DES NOMBRES DÉCIMAUX.

98. Il faut encore opérer ici comme s'il s'agissait de nombres entiers, après avoir toutefois placé, comme dans l'addition, les nombres à retrancher, de manière que les unités d'une même espèce se correspondent dans la même colonne (le plus grand des nombres est ordinairement situé au-dessus du plus petit, et l'on complète, si l'on veut, les décimales en mettant à la droite de celui des deux nombres qui en a le moins, un nombre suffisant de zéros, ce qui ne change pas la valeur du nombre comme nous l'avons vu), et avec l'attention importante de fixer

dans la différence la virgule après le chiffre qui répond immédiatement à la colonne des unités entières :
l'évidence de ce procédé, comme pour l'addition ,
dispense de tout raisonnement.

99. Nous nous contenterons de donner un exemple
de cette opération ; nous chercherons la différence
des deux nombres

$$7408,945623 \text{ et } 325,6481 ;$$

et à cet effet nous aurons le tableau de calcul

$$7408,945623$$
$$325,6481$$

$$\overline{7083,297523} \text{ DIFFÉRENCE.}$$

100. Si , comme dans l'exemple suivant , le plus
grand des deux nombres est celui qui a le moins de
chiffres décimaux , on conçoit (à volonté , si l'on ne
veut réellement compléter) que l'on ait complété les
décimales ; d'après cela on a pour, obtenir la différence entre les deux nombres , 4236,024 et 4,256798
le calcul suivant :

$$4236,024 \qquad \text{ou} \qquad 4236,024000.$$
$$4,256798 \qquad\qquad 4,256798.$$

$$\overline{4231,767202} \text{ DIFFÉRENCE } \overline{4231,767202.}$$

DE LA MULTIPLICATION DES NOMBRES DÉCIMAUX.

101. C'est dans les principes généraux de multi-

plication que nous trouverons la règle à observer pour les décimales.

Supposons, en effet, que les deux nombres à multiplier soient, l'un 26,738, et l'autre 4,25 ; si nous considérons le premier comme le nombre entier 26738, et le second comme le nombre entier 425, il est clair que nous aurons alors un nombre mille fois trop grand à multiplier par un autre nombre 100 fois trop grand, et que de là il s'ensuivra un produit, en nombre entier, cent mille fois trop grand ; le vrai produit ne pourra donc être obtenu qu'en rendant le précédent cent mille fois plus petit, ou en détachant sur sa droite, par la virgule, cinq chiffres décimaux. Donc, en général, l'opération dont s'agit s'effectue en considérant les deux nombres proposés comme entiers, c'est-à-dire, sans avoir égard à la virgule, mais avec l'attention de séparer sur la droite du produit, par la virgule, autant de chiffres décimaux qu'en avaient les deux facteurs ensemble.

C'est ainsi qu'en réalisant la multiplication, pour 'exemple cité, on a

$$
\begin{array}{r}
26,738 \\
4,25 \\
\hline
13369\text{o} \\
53476 \\
1\text{o}695\text{2} \\
\hline
1\text{1}3,6365\text{o} \quad \text{PRODUIT.}
\end{array}
$$

ou simplement 113,6365 (en supprimant, si l'on veut, le zéro de la droite).

102. Il peut arriver que dans sa composition le produit renferme moins de chiffres qu'il n'y a de chiffres décimaux dans les deux facteurs ensemble ; en ce cas, on supplée le vrai produit cherché par des zéros mis à la gauche de celui obtenu, et en assez grand nombre pour déterminer ensuite, par la virgule, un nombre de décimales égal à celui des deux facteurs ensemble.

Supposant, par exemple, qu'on ait à multiplier 0,0023 par 0,004, la règle prescrite conduira à un produit qui sera en nombre entier 92 ; mais on est assuré d'avance que ce nombre est, par rapport au véritable résultat, dix millions de fois trop grand ; il doit donc être compté pour des dix-millionièmes, et pour cela il n'y a qu'à disposer la virgule de manière à faire exprimer ces unités décimales au nombre 92. C'est précisément ce qui aura lieu en écrivant ce produit, comme il a été indiqué, ou 0,0000092.

Ce cas est confirmatif de la règle précédente puisqu'il rentre dans les mêmes principes que ceux d'où elle émane.

DE LA DIVISION DES NOMBRES DÉCIMAUX.

103. Deux nombres décimaux, ayant le même nombre de décimales, doivent se contenir entr'eux de la même manière et autant de fois que si ces deux

nombres étaient absolument entiers. Il n'est pas dif-
ficile, en effet, d'apercevoir, par exemple, que 0,6
doit contenir 0,2 autant de fois que 6 unités entières
contiennent 2 unités entières ; mais on n'aperçoit pas
aussi immédiatement que dans le cas de la division
de 3,6 par 1,2 le premier de ces deux nombres doit
contenir le second autant de fois que 36 contient 12 ;
cependant, avec une légère attention on reconnaîtra
que ces deux derniers nombres sont l'un et l'autre
dix fois plus grands que ceux proposés ; et en vertu
des principes généraux de division que nous avons
développés, leur quotient doit toujours être le même,
car le dividende et le diviseur sont rendus, par cette
nouvelle considération, l'un et l'autre, le même nombre de fois plus grands ; c'est là-dessus que repose le
précepte de la division des nombres décimaux.

104. Ce qui précède suppose évidemment que les
deux nombres qu'il s'agit de diviser l'un par l'autre,
renferment le même nombre de décimales ; mais on
est toujours le maître de ramener les deux nombres
à cette même circonstance en complétant les décimales, c'est-à-dire, en mettant à la droite de celui
des deux nombres qui a le moins de chiffres décimaux, suffisamment de zéros pour parvenir à un
même nombre de décimales de part et d'autre.

Donc, généralement, « pour opérer la division des
» nombres décimaux, il faut, 1.º compléter les dé-
» cimales, si leur nombre n'est pas le même dans le

» dividende et le diviseur ; 2.º supprimer la virgule ;
» 3.º diviser les deux nombres entiers l'un par l'au-
» tre, ce qui donnera au quotient des unités entières ;
» 4.º enfin, s'il y a un reste que l'on veuille utiliser
» pour approcher de plus en plus du véritable quo-
» tient, on mettra à sa droite autant de zéros que
» l'on se proposera d'avoir de chiffres décimaux pour
» l'approximation désirée, et il ne s'agira plus que de
» continuer la division jusqu'à ce que l'on ait obtenu
» ce nombre de chiffres ».

105. Un seul exemple suffira pour éclaircir cette
règle. Proposons-nous de diviser 13649,23 par 6,587
et de pousser l'approximation du quotient jusqu'aux
millièmes ; nous aurons, en nous conformant à la
règle prescrite et pour satisfaire à la question, le tableau du calcul suivant :

En complétant les décimales 13649,230 | 6,587

En supprimant la virgule.. 13649 230 | 6 587

$$475\ 23\ | 2072,146$$

Quotient suivant

14 140   l'approximation
demandée.

Reste suivi de trois zéros... ⎧ 1.er 9660

équivalent aux trois restes. ⎨ 2.e 30730

suivis chacun d'un zéro.... ⎩ 3.e 43820

Reste qui doit être négligé.   4298.

106. Lorsque le dividende renferme plus de chif-

fres décimaux que le diviseur, on peut toujours se dispenser de compléter les décimales, et par cela même on peut abréger l'opération comme nous allons le voir.

Soit 792,46358 à diviser par 24,31, on aura, sans compléter les décimales à diviser le nombre entier 79246358 par 2431, et en effectuant l'opération, le calcul suivant :

```
79246358 | 2431
         |───────
  6316   | 33009 | 33,009 QUOTIENT CHERCHÉ.

   23358

    1479
```

Mais le dividende et le diviseur étant considérés comme deux nombres entiers, le premier est cent mille fois trop grand et le diviseur cent fois trop grand; le quotient en nombre entier est donc encore mille fois trop grand (car il se trouve encore multiplié par le quotient de 100000 divisé par 100), et pour lui restituer sa vraie valeur, il n'y aura qu'à séparer par la virgule trois chiffres décimaux sur sa droite; 33,009 est donc le véritable quotient (en se bornant à cette approximation). Nous remarquerons d'ailleurs qu'en semblable hypothèse les chiffres décimaux séparés sont précisément en même nombre, qu'il y en a dans l'excès du nombre des décimales du dividende sur le nombre de celles que renferme le diviseur.

107. Ainsi se termine ce que nous avions à dire sur les décimales ; et, de tout ce qui précède, il résulte que les quatre opérations à faire sur ces sortes de nombres se réduisent à la considération des nombres entiers, et que cette considération n'est pas tout aussi évidente pour les deux dernières opérations que pour les deux premières. Au reste, elle ne tient, comme nous l'avons vu, qu'à des principes généraux de multiplication et de division que nous avions déjà démontrés.

L'exposition du nouveau système métrique ou des nouveaux poids et mesures, en France, offre un sujet à la fois intéressant et utile de l'application de la théorie des décimales.

PREUVES DES QUATRE OPÉRATIONS PRÉCÉDENTES.

108. Il ne suffit pas de savoir faire une opération, il faut encore savoir s'assurer si elle a été bien faite, car le calcul a aussi ses erreurs. La preuve d'une opération n'est donc, a proprement parler, qu'une seconde opération que l'on doit faire pour vérifier et confirmer l'exactitude de la première.

109. POUR L'ADDITION : si, par quelque moyen que ce soit, on parvenait après l'opération à décomposer la *somme* de manière à en ôter toutes les parties ou

les diverses unités dont elle s'est composée, on devrait nécessairement arriver à un dernier résultat qui aurait zéro pour valeur, ou qui serait nul si l'addition a été bien faite. Or, c'est précisément le procédé que l'on pourrait suivre, et que l'exemple suivant va justifier :

Supposons qu'après avoir ajouté entr'eux les nombres

24579 ; 30981 ; 2873564 ; 4536289 ;

on ait obtenu la somme comme il suit :

$$
\begin{array}{r}
4536289 \\
2873564 \\
30981 \\
24579 \\
\hline
7465413 \text{ SOMME.}
\end{array}
$$

On renverserait l'opération qui vient d'être faite, en commençant de nouveau par la gauche, ou en allant de gauche à droite ; on ajouterait tous les chiffres d'une même colonne, et on retrancherait cette somme particulière de la partie qui lui correspond dans la somme totale.

Ainsi, la première colonne donnant pour première somme 6, celle-ci devra être retranchée de 7 dans la somme totale, ce qui donnera 1 de reste, et et pour nombre restant de la décomposition de la somme totale

1465413.

Passant à la seconde colonne, ses chiffres réunis donnent 13 pour leur somme, qui, retranchée de 14, partie correspondante de la somme totale laisse pour reste 1, et pour celui de la somme totale

165413.

La somme des chiffres de la troisième colonne est 15, puis retranchée de la partie 16 de la somme totale, laisse pour reste de la décomposition

15413.

L'addition des chiffres de la quatrième colonne produit 13, pour leur somme et pour reste de la décomposition de la somme totale,

2413.

La cinquième colonne donne pour somme particulière des chiffres qui la composent, 21, nombre qui, retranché de la partie correspondante 24, donne pour reste de la somme totale

313.

La sixième colonne donne de même, pour somme de ses chiffres, 29 et après la soustraction de la partie correspondante, pour reste de la somme totale

23.

Qui est identiquement le même que la somme des chiffres de la dernière colonne; après la soustraction de ces deux sommes, le reste est donc nul; l'opération première a donc été bien faite, puisqu'après les diminutions successives que la somme totale a éprouvées pour les diverses classes d'unités qui entraient dans sa formation, ou bien après en avoir ôté toutes les parties qui généralement la composaient, il n'est rien resté.

110. POUR LA SOUSTRACTION : on sait que cette opération consiste à déterminer l'excès d'un nombre sur un autre, ou ce dont le plus grand des deux nombres l'emporte sur le plus petit. Si donc à ce dernier on ajoutait cet excès, on obtiendrait avec certitude le premier. Telle est justement la manière de faire la preuve de la soustraction.

Ainsi, qu'on ait soustrait, par exemple, le nombre 4234 du nombre 798456, cela a donné pour différence

794222.

Qu'on ajoute maintenant, pour vérifier l'opération, cette différence avec le plus petit des deux nombres précédens, on obtiendra le plus grand, 798456; ce résultat est satisfaisant et prouve qu'on avait bien opéré primitivement la soustraction.

111. POUR LA MULTIPLICATION : nous avons appris qu'un produit exprime toujours le multiplicande répété un certain nombre de fois ou autant de fois que l'indique le multiplicateur. Il suit de là que si on cherchait dans ce produit, une fois formé, combien de fois s'y trouve contenu le multiplicateur, il est certain qu'on l'y trouverait contenu autant de fois

qu'il y a d'unités dans le multiplicateur total ; ou encore, si l'on divisait le produit par le multiplicande,
on trouverait pour quotient le multiplicateur ; mais
nous avons eu occasion de remarquer qu'il devient
indifférent (1) de prendre pour multiplicande le
multiplicateur, et réciproquement ce dernier pour
le premier, sans rien changer au produit. Donc, en
divisant le produit d'une multiplication par l'un quelconque de ses facteurs indistinctement, on doit avoir
au quotient l'autre facteur. Ce principe sert pour la
preuve de cette opération. En veut-on un exemple ?

Après avoir multiplié 524 par 79, on obtient pour
produit 41396 ; que l'on divise maintenant ce dernier nombre par l'un des deux précédens, par 79,
par exemple, et l'on trouvera l'autre 524 pour quotient, ce qui prouve que la première opération a été
bien faite.

112. POUR LA DIVISION : en considérant le dividende comme un produit dont le diviseur et le quotient sont les facteurs, nous rappellerons ici ce qui
a déjà été reconnu par suite de cette considération,
c'est-à-dire, que le diviseur, multiplié par le quotient, doit reproduire le dividende sans reste ; de sorte
que si la division n'avait pu se faire exactement, il
faudrait ajouter le reste au produit précédent pour

---

(1) En général l'ordre des facteurs devient indifférent pour la composition d'un produit, quel que soit le nombre des facteurs.

obtenir le dividende primitif si l'opération a été bien faite. Voilà le moyen de faire la preuve de la division.

Ainsi, après avoir divisé 52429 par 540, et trouvé pour quotient 97 avec un reste 49, on s'assurera si l'on a bien opéré en multipliant le diviseur 540 par le quotient trouvé 97, ce qui donnera 52380 ; puis ajoutant à ce produit le reste 49, on aura 52429, c'est-à-dire, le dividende lui-même ; le quotient trouvé est donc le véritable.

113. Un coup-d'œil général jeté sur les preuves des quatre opérations que nous venons d'exposer, nous met en évidence le mutuel secours que se prêtent deux opérations consécutives et contraires. On voit en effet que la preuve de l'addition se fait par le moyen de la soustraction, et celle de la soustraction par le moyen de l'addition ; il en est de même de la multiplication à l'égard de la division, et réciproquement, car la première est employée et sert à la preuve de la seconde, qui, à son tour, s'applique pour la preuve de la première.

De l'espèce des résultats des opérations précédentes, de quelques-uns de leurs usages et des circonstances qui peuvent les déterminer.

114. Il ne peut être ici question que des nombres.

concrets, puisqu'en soumettant les nombres abstraits aux opérations précédentes, on aura toujours pour résultat un nombre abstrait. Mais un résultat abstrait peut quelquefois être produit par deux nombres concrets, comme nous le verrons dans quelques exemples de division que nous aurons occasion de traiter, ou selon l'état de la question qui sera proposée : l'espèce de résultat pourra seulement alors être assignée.

---

115. ADDITION. Comme il est impossible d'ajouter entr'eux des nombres d'une espèce différente, il faut nécessairement que la SOMME soit toujours de même espèce que les nombres ajoutés ou que l'un quelconque d'entr'eux.

Appliquons ces réflexions à l'usage qu'on peut en faire dans quelques circonstances de la vie.

Qu'on se propose, pour premier exemple, la question suivante :

« Un négociant doit effectuer, le même jour, trois » payemens, savoir : le premier, de la somme de » 4627 fr. ; le second, de 9708 fr., et le troisième, » de 12453 fr., combien aura-t-il à payer ce jour-» là » ?

Il est clair qu'en réunissant ces trois nombres, on résoudra facilement cette question, et l'on aura :

12453 francs.

4627

9708
_____

26788 francs.
_____

Le payement total sera donc d'une somme de 26788 fr.

116. Veut-on un second usage de l'addition ? Voici encore une circonstance où elle peut être appliquée. Nous nous proposerons pour second exemple cette question :

« Un cordier a filé, pendant quatre jours, une
» certaine quantité de corde : il sait qu'il a filé le pre-
» mier jour 24,579 de corde; le second jour, 28,26;
» le troisième jour, 9,4723 ; et enfin le quatrième
» jour, une longueur de 37,5 ; quelle est la lon-
» gueur totale de la corde qu'il a filée dans l'intervalle
» des quatre jours » ?

Il est certain que la réunion des quatre nombres ci-dessus doit la donner, et on a

Mètres.

24,579

28,26

9,4723

37,5
_____

Mètres.

99,8113
_____

La quantité totale de corde filée est donc de
^{mètres}
99,8113.

———————

117. SOUSTRACTION. On ne peut, de même que
dans l'addition , retrancher un nombre d'un autre ,
à moins que ces deux nombres ne soient d'une même
espèce ; ainsi la différence entre ces nombres devra
être de la même espèce qu'eux ou que l'un d'eux.

Examinons quelques cas où l'on peut faire usage
de la soustraction.

118. Proposons-nous , en premier exemple , la
question suivante :

« Un particulier possède une fortune évaluée à une
» somme de 859241 fr.; mais il doit à diverses per-
» sonnes une somme de 67952 fr.; que lui restera-
» t-il de liquide ou net après avoir payé ses dettes » ?

Cette question sera bientôt résolue si l'on retranche le second nombre du premier; on aura , en effet ,

859241 francs.
67952
———————
791289 francs.

Il lui restera donc encore une fortune de 791289 f.

119. Prenons pour second exemple cette autre
question :

« Une armée s'est avancée , en poursuivant l'en-
» nemi , de 47590,25 ; mais ensuite , par une mar-

» che rétrograde, elle a été obligée de reculer de

» 5902,352^{m.} ; de combien s'est-elle réellement avan-

» cée » ?

Ce ne peut être qu'en retranchant la seconde distance de la première qu'on satisfera évidemment à la
question. Ainsi, en procédant de conformité, on
aura :

Mètres.

47590,25
5902,352

Mètres.

DIFFÉRENCE....... 41687,898.

Réponse. L'armée s'est donc avancée encore réellement de 41687,898. mètres

120. Les deux exemples précédens suffisent pour
faire juger des cas où l'on peut faire usage de la soustraction.

121. MULTIPLICATION. Le produit qui est le résultat de cette opération doit toujours être de la même
espèce que le multiplicande, puisqu'il n'est que l'expression de ce dernier répété autant de fois que l'indique le multiplicateur (qui est toujours un nombre
abstrait en tant qu'il est pris comme multiplicateur).

122. Cette opération sert quelquefois à convertir
un certain nombre d'unités ; d'une espèce quelconque,

en unités d'une espèce inférieure , comme dans la question suivante :

Premier exemple.

« Un pendule , à secondes , a exécuté ses oscilla-
» tions pendant quinze heures ; on suppose , comme
» l'on voit , que chaque oscillation doit durer une
» seconde ; on désire savoir combien il a battu de
» secondes ou fait d'oscillations pendant ce temps » ?

On sait que , d'après la commune division du temps dans la vie civile , l'heure se compose de 60 minutes (60') , et la minute de 60 secondes ou (60") ; or , pour résoudre la question , il faudra multiplier évidemment le nombre proposé 15 h. par 60' , et ensuite ce produit , qui exprimera le même intervalle en minutes , par 60" , pour l'avoir exprimé en secondes. Ainsi , en suivant ce qui vient d'être indiqué , on aura :

$$15$$
par....... 60
$$\overline{}$$

900 minutes ou 900'
par....... 60
$$\overline{}$$

54000 secondes ou 54000"

Réponse. Le pendule aura donc , dans le temps, donné ou , pendant les 15 heures , fait 54000 oscillations.

123. La même opération peut aussi servir à résoudre la question suivante, quoique de même nature que la précédente, mais que nous donnerons à cause de son grand usage.

Deuxième exemple.

« On désirerait évaluer la somme de 425 livres
» (ancienne monnaie) d'abord, en sous, puis en
» deniers, ou autrement en parties subdivisionnaires
» de la livre, sachant d'ailleurs que cette unité mo-
» nétaire se divise en 20 sous, et que chaque sou
» vaut 12 deniers ».

Cette question, dont les applications se reproduisent fréquemment dans les usages de la vie, trouve encore sa solution dans deux multiplications consé-cutives.

En effet, en multipliant,

$$1.° \quad 425$$
$$\text{par} \quad 20$$

on a 8500 sous ;

et ce produit étant multiplié ensuite par 12, on a,

$$2.° \quad 8500$$
$$12$$

102000 deniers.

Ainsi, en réponse à la question, la somme proposée est équivalente à 8500 sous ou à 102000 deniers.

124. C'est encore par le moyen de la multiplication qu'on parvient à connaître le prix de plusieurs choses de la même espèce, connaissant le prix de l'une d'elles. L'exemple qu'offre la question suivante est propre à nous en convaincre.

Troisième exemple.

« On a acheté à la foire la quantité de 2743,75 mètres » de toile au prix de 7,25 francs le mètre, quelle est la » somme qu'on a comptée ou dû compter pour la » valeur totale de la toile » ?

Puisqu'il s'agit du prix de la toile, il faut observer, pour la solution, que 7,25 francs doit servir de multiplicande qui, comme nous l'avons vu, doit toujours fixer l'espèce du produit; ainsi on aura le détail du calcul suivant :

$$
\begin{array}{r}
7{,}25 \\
\text{par } 2743{,}75 \\
\hline
36{,}25 \\
507{,}5 \\
2175 \\
2900 \\
5075 \\
1450 \\
\hline
\end{array}
$$

PRODUIT..... 19892,1875 francs.

Nota. Le produit eût été le même et le nombre des produits partiels moindre, si l'on avait pris le multiplicande pour multiplicateur, sans perdre de vue la qualification du produit total.

On aura donc pour réponse à la question proposée
ou pour le prix total de la toile, 19892,1875, et
comme l'unité de *franc* n'est pas décomposée au-delà
des centimes ou centièmes, et que les deux derniers
chiffres décimaux équivalent à plus de la demi d'un
centime, on augmentera d'une unité le chiffre des
centimes, et le prix précédent sera 19892,19 à un
centime près.

En voilà assez pour savoir se conduire et reconnaître les circonstances dans lesquelles on doit ap-
pliquer la multiplication.

---

125. DIVISION. Cette opération laisse incertaine
l'espèce du quotient, selon le but que l'on s'y propose dans les questions qui sont de son ressort.

Tantôt on peut avoir pour objet de partager un
nombre ou une somme donnée en plusieurs portions
égales, tantôt on a en vue deux sommes données, dont
l'une est le prix d'une chose, et l'autre le prix total de
plusieurs de la même espèce, et l'on veut savoir le
nombre de ces choses ; quelquefois encore on se propose la question inverse à celle qui forme le premier
exemple dans la multiplication, c'est-à-dire, qu'étant
donné un certain nombre d'unités inférieures, on veut
les convertir en unités supérieures.

126. Examinons, à l'aide d'un exemple particulier,
chacune de ces trois sortes de questions et l'espèce relative du quotient qu'elles indiquent.

Premier exemple.

« Un homme, en mourant, laisse à chacun de
» ses amis, qui sont au nombre de vingt-cinq, une
» somme de 273450,25 pour être partagée entr'eux
francs
» par portions égales, quelle sera celle de chacun des
» partageans » ?

La solution de cette question se trouvera évidemment en divisant le second des deux nombres par le
premier, et le quotient devra être ici de même espèce
que le dividende.

On trouvera, en effet, en réalisant la division, et
d'après le calcul suivant :

$$\begin{array}{r|l} & \text{F.}\\ 273450,25 & 25 \\ 234 & \overline{} \\ 95 & \text{F.} \\ & 10938,01 \\ 200 & \\ 0,25 & \end{array}$$

Réponse. Il y aura donc pour chaque ami une
francs
somme de 10938,01.

Deuxième exemple.

127. « Un propriétaire de vignobles a fait un mar-
» ché avec un tonnelier pour lui fournir, au temps
» des vendanges, les barriques ou tonneaux dont il
» pourrait avoir besoin, et il est convenu de ne payer
» que 150 fr. chaque douzaine de barriques ; il lui

» a compté à cet effet une somme de 2700 fr.; com-
» bien de douzaines de barriques doit fournir le ton-
» nelier pour la somme qu'il a reçue » ?

Avec une légère attention, on s'apercevra que dans
cette question le quotient doit être d'une espèce différente de celle du dividende, car autant de fois le
prix de 150 fr. sera contenu dans la somme reçue
2700 fr., autant on devra trouver de douzaines de
barriques; il n'y aura donc, pour résoudre cette question, qu'à diviser 2700 fr. par 150 fr., comme suit :

$$
\begin{array}{r|l}
2700 & 150 \\ \hline
\text{ou}\quad 270 & 15 \\ \hline
120 & 18 \text{ quotient.} \\
\end{array}
$$

$$0$$

Le quotient étant 18, nous en conclurons, pour
réponse à la question, que le propriétaire devra rece-
voir 18 douzaines de barriques.

La question se réduisait en analyse à savoir combien de fois le nombre de 2700 contenait le nombre
150; c'est dans ce sens qu'on peut expliquer comment deux nombres concrets peuvent conduire à un
résultat en nombre abstrait.

Troisième exemple.

128. « Un corps mobile assujéti à suivre constam-
» ment la marche qui lui est tracée par un cercle,
» divisé en secondes, s'est arrêté après avoir par-

» couru 549278 secondes ou ("), combien de degrés
» et parties de degré a-t-il parcouru, sachant d'ail-
» leurs qu'il faut 60" pour composer une minute ou
» (1'), et 60' pour composer un degré ou (1°) » ?

Solution. 1.° Puisqu'il faut 60" pour représenter
1', il est évident que si l'on divise le nombre donné,
549278" par 60", ou simplement 549278 par 60,
ou trouvera le nombre de minutes équivalent ; ainsi
on aura,

$$
\begin{array}{r|l}
549278 & 60 \\
92 & \\
327 & 9154 \\
278 & \\
38 & \\
\end{array}
$$

C'est le nombre de minutes
cherché ; et puisqu'il y a 38 de
reste, ou 38", le nombre de
secondes donné répond déjà à
9154'38"

2.° En divisant semblablement le nombre de minutes par 60, on trouvera le nombre de degrés re-
présentatif. Ainsi, en procédant à cette seconde division, on aura,

$$
\begin{array}{r|l}
9154 & 60 \\
315 & \\
154 & 152 \\
34 & \\
\end{array}
$$

Il y a donc 152° et 34' de reste.

En réponse à la question proposée, le mobile avait
parcouru, à l'instant de son arrivée,

$$152^e 34' 38''$$

Les deux divisions, successivement faites par le
nombre 60, auraient pu s'effectuer avec plus de sim-

plicité et de promptitude, en observant que ce nombre est le produit de 6 par 10.

On aurait divisé d'abord par 10, en séparant sur la droite du nombre à diviser le dernier caractère, et par 6, la partie à gauche de ce dividende ; d'où il suit que les restes successifs auraient été 3 ; considérés comme 3 dixaines, par rapport au chiffre isolé à la droite du dividende, ces restes auraient fait connaître immédiatement le nombre de minutes dans la première opération, et le nombre de secondes dans la seconde.

On conçoit, en effet, que pour utiliser chacun de ces restes, il aurait fallu les multiplier par 60 ou 6 dixaines et continuer la division par 6, ce qui aurait rétabli le reste primitif, mais considéré comme des dixaines de l'unité inférieure représentée par le chiffre séparé sur la droite du dividende. On est donc dispensé de cette multiplication et de cette division simultanées en portant seulement ce reste au rang des dixaines et à la gauche du chiffre séparé pour exprimer les unités de l'espèce suivante.

Nous remarquerons donc ici, en passant, qu'on aurait pu abréger les deux divisions précédentes, et parvenir, par ce moyen, plus rapidement au résultat.

En effet, on aurait pu d'abord prendre le dixième du dividende et du diviseur (en supprimant le zéro de la droite du diviseur et séparant le dernier chiffre de la droite du dividende) ; ensuite prenant le sixième de la partie à gauche du dividende, le reste de la division aurait été considéré comme autant de dixaines de l'unité première, tandis que le quotient aurait exprimé le nombre des unités de l'espèce cherchée et immédiatement supérieure.

Ainsi, voulant avoir, par exemple, le nombre équivalent de minutes, on aurait préparé les deux nombres à diviser comme il suit : $54927,8" \mid \underline{6}$.

Puis, prenant le sixième du premier, on aurait trouvé pour quotient 9154 minutes, et 3 de reste, qui, placé au rang des dixaines de l'unité exprimée par le dividende, aurait donné $38"$.

Cette observation peut s'étendre à tous les cas où le diviseur resterait un nombre simple, après en avoir supprimé *le zéro* de la droite.

Quatrième exemple.

« Un particulier a un nombre de sacs de petites » pièces appelées *centimes* (qui remplacent aujour- » d'hui le *denier* ou la douzième partie du sou), et » dont il faut 5 pour faire un sou ; après les avoir » comptés, il s'en trouve 10795 ; il désirerait les con- » vertir en sous, puis en livres, quelle somme lui » représente ce nombre de centimes » ?

Cette question, de même nature que la précédente, mais dont l'application a une utilité reconnue, parti- culièrement dans les caisses publiques, se résout bien simplement par deux divisions successives.

1.º En divisant le nombre proposé 10795 par 5, ce qui revient à en prendre le cinquième, on aura d'abord 2159, nombre correspondant en sous à la somme proposée ;

2.º Divisant ensuite ce dernier nombre par 20, on connaîtra le nombre de livres que suppose la somme proposée ; en effet, on a :

$$
\begin{array}{r|l}
2159 & 20 \\
159 & \overline{107^{li}} \text{ quotient} \\
19 &
\end{array}
$$

Et puisqu'il y a 19 de reste, la somme demandée sera de 107 liv. 19 s., équivalente au nombre donné en centimes.

En profitant ici de l'observation que nous avons faite dans le problème précédent, nous aurions encore pu abréger la dernière division en prenant le dixième des deux nombre 2159 et 20, ce qui aurait réduit l'opération à la division des deux nombres 215,9 et 2 ; par ce moyen, on n'aurait eu qu'à prendre la moitié de la partie à gauche, 215 du dividende, ce qui aurait donné 107 pour quotient, et 1 de reste qui, considéré comme une dixaine de sous, se serait réuni aux 9 sous séparés sur la droite, le quotient eût donc été, comme ci-avant, 107 liv. 19 s.

Cette remarque donne précisément l'explication de

cette pratique particulière enseignée par les arithmé-
ticiens, qui consiste en semblable cas à séparer la
dernière figure ou le dernier chiffre sur la droite du
nombre proposé, à prendre la moitié de sa partie à
gauche et à compter le reste, s'il y en a pour 10
sous, et lesquels doivent être ajoutés au nombre des
sous déjà séparés dans le dividende. (Ce reste ne
peut jamais être plus grand que 1, puisqu'on divise
par 2).

FIN DE L'ARITHMÉTIQUE DE L'ENFANCE.

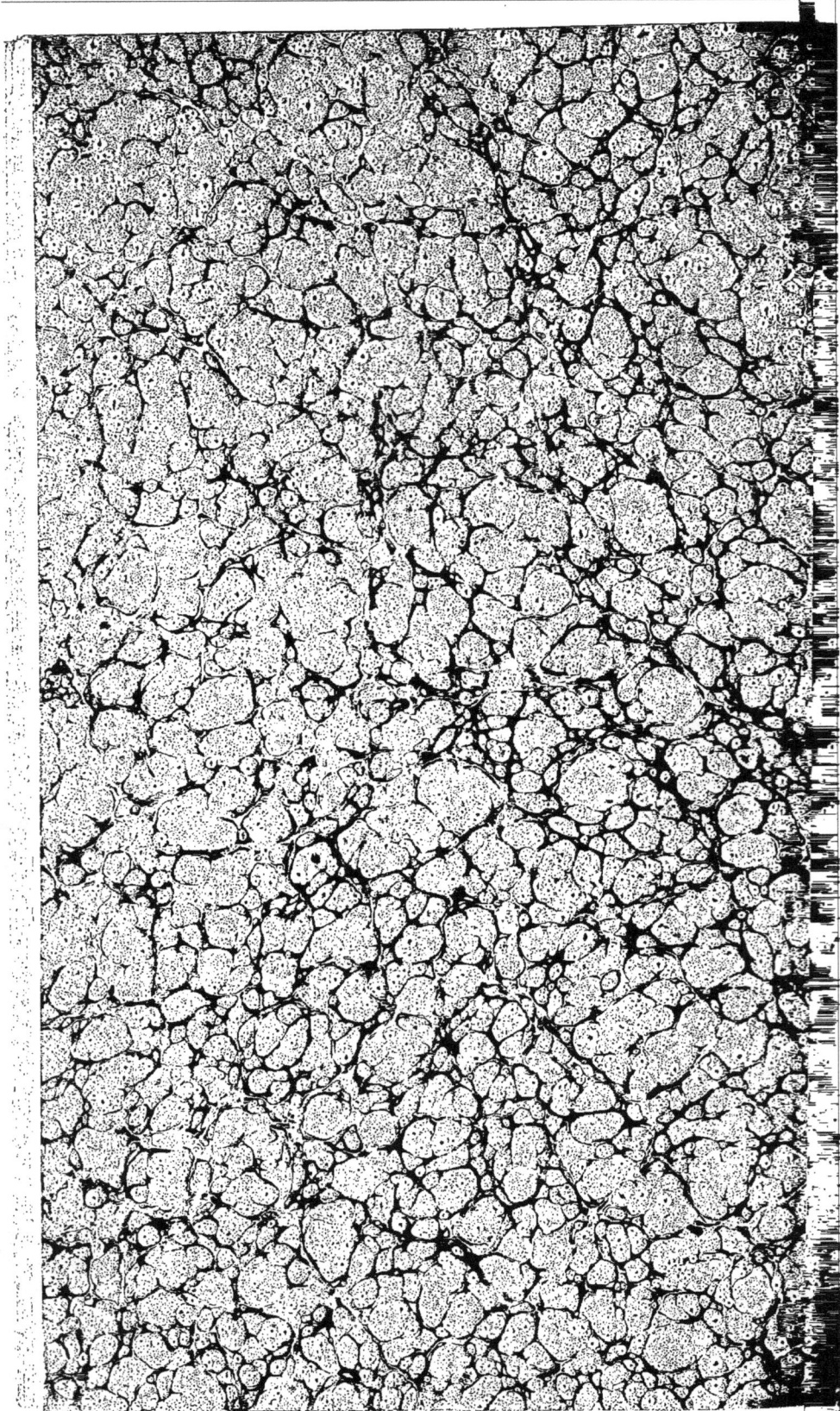

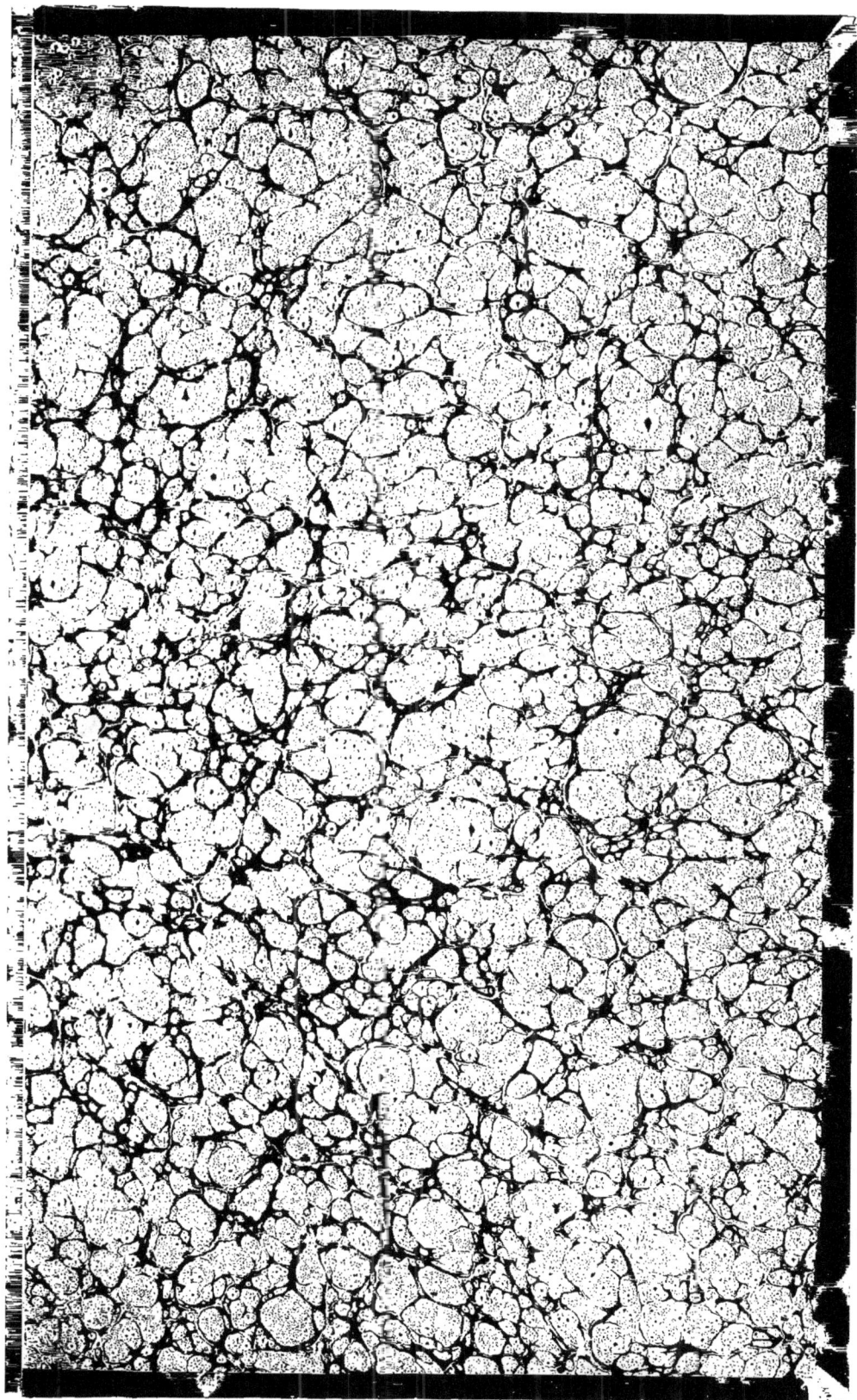